Gabriele Gärtner, Antje Lotz

Wärmeschutz in der Praxis

D1663485

Gabriele Gärtner, Antje Lotz

Wärmeschutz in der Praxis

Energetische Optimierung von Gebäuden

Basiswissen Bauphysik

Fraunhofer IRB Verlag

Bibliografische Information der Deutschen Nationalbibliothek
Die Deutsche Nationalbibliothek verzeichnet diese Publikation in der Deutschen Nationalbibliografie;
detaillierte bibliografische Daten sind im Internet über http://dnb.d-nb.de abrufbar.
ISBN: 978-3-8167-8099-1

Herstellung/Layout: Sonja Frank
Umschlaggestaltung: Martin Kjer
Satz: Satzkasten, Stuttgart
Druck: Konrad Triltsch GmbH, Ochsenfurt-Hohestadt
Für den Druck des Buches wurde chlor- und säurefreies Papier verwendet.

© by Fraunhofer IRB Verlag, 2010
Fraunhofer-Informationszentrum
Raum und Bau IRB
Postfach 80 04 69, D-70504 Stuttgart
Telefon (0711) 9 70-25 00
Telefax (0711) 9 70-25 08
E-Mail: irb@irb.fraunhofer.de
http://www.baufachinformation.de

Inhaltsverzeichnis

Vorwort

Bauphysik ist sowohl der Tau auf der morgendlichen Wiese, den Pflanzen und Spinnweben, als auch das Simulationsprogramm, mit dem hygrothermisches Verhalten von Innendämmung oder die Kältebrücke eines Gebäudes vorhergesagt wird.

Die Grundlage der Bauphysik liegt weit in der Vergangenheit, sie spiegelt sich in naturwissenschaftlichen Grundgesetzen wieder und wurde erst durch den Menschen in Formeln und Gesetzmäßigkeiten beschrieben, so dass sie als Werkzeug für die Planung von Gebäuden und Bauwerken dient.

Beschäftigt man sich intensiver mit der Bauphysik, sieht man weit über die Grundlagen hinaus eine große Themenvielfalt und viele interdisziplinären Zusammenhänge mit beispielsweise Naturwissenschaften, Informatik, Ingenieurwesen, Umweltmedizin und Soziologie. Die Verbindung von Naturgesetzen mit modernster Forschung und Technik macht die Bauphysik schön und vielfältig.

Mit diesem Buch hoffen wir, Ihnen nicht nur einen Einblick, sondern viel mehr einen guten Einstig in die Bauphysik zu geben. Für eine bessere Übersichtlichkeit und um die Nutzung als Nachschlagewerk zu erleichtern, werden dem Leser wichtige Inhalte in Gedankenfeldern zusammengefasst. Mit vielen Grafiken werden die Inhalte zudem veranschaulicht und durch Fotos die Nähe zur Praxis hervorgehoben.

Ein so weites und interdisziplinäres Thema praxisnah und lesbar, mit erträglichem Umfang zu fassen, war nicht immer einfach, und erforderte manchmal viel Selbstdisziplin. Dabei soll dieses Buch sowohl als Ganzes gelesen werden können als auch ein Nachschlagewerk für immer wiederkehrende Fragestellungen sein.

Für Unterstützung bedanken wir uns bei unseren Kollegen der Technischen Universität Dresden, namentlich Heike Sonntag, Heiko Fechner und Frank Meißner.

Gabriele Gärtner, Antje Lotz

1 Einleitung

Welche grundlegenden bauphysikalischen Gesetzmäßigkeiten bleiben trotz Änderungen in den Normen und Regelwerken immer gleich? Wo finden diese Grundlagen Anwendung in den Fachregeln?

Durch die Notwendigkeit zur umsichtigen Nutzung unserer Energie-Ressourcen, zum Schutze der Umwelt und nicht zuletzt auch durch die dauerhaft steigenden Energiepreise werden Veränderungen und Verschärfungen der technischen Regelwerke, die sich mit der Gebäudeenergiebilanz beschäftigen, in Zukunft eine immer größere Rolle spielen. Das führt zu Richtwerten, Grenzwerten und Kenngrößen, die manchmal dazu verleiten, bauphysikalische Grundregeln beim sturen Einhalten dieser Werte außer acht zu lassen. Ein Beispiel hierfür ist das Bilanzierungsverfahren der EnEV, wonach Kältebrücken bisher nicht gleichzeitig zum Fehlschlagen der Gesamtbilanzierung führten.

Ein Gespür, an welchen Stellen die Naturgesetze auch von noch so gut gemeinten Grenzwerten nicht außer Kraft gesetzt werden können, möchten wir Ihnen mit dieser kurzen Einführung in die bauphysikalischen Grundlagen und deren, manchmal nicht ganz der Sache gerecht werdenden Widerspiegelung in den aktuellen Normen und Richtlinien vermitteln.

Soweit nicht andres angegeben, sind die Inhalte an die Normen und Richtlinien angelehnt. Zu Gunsten eines besseren Verständnisses sind Formulierungen jedoch teilweise vereinfacht dargestellt und sollten immer für den konkreten Einzelfall in den entsprechenden Normen und Richtlinien direkt nachgelesen werden.

Wichtige Normen und Richtlinien sind:
- Energieeinsparverordnung (EnEV)
- DIN V 18599 Energetische Bewertung von Gebäuden
- DIN 4108 Wärmeschutz im Hochbau
- DIN 4710 Statistiken meteorologischer Daten zur Berechnung des Energiebedarfs von heiz- und raumlufttechnischen Anlagen in Deutschland
- DIN EN ISO 6946 Wärmedurchlasswiderstand und Wärmedurchgangskoeffizient (Berechnungsverfahren)
- DIN EN ISO 7730 Ermittlung des PMV[*] und des PPD[**] und Beschreibung für thermische Behaglichkeit.

Für eine freundliche Unterstützung möchten wir uns auch bei den Kollegen vom Institut für Bauklimatik der Universität Dresden bedanken.

---

[*] predicted mean vote (vorausgesagtes mittleres Votum)
[**] predicted percentage of dissatisfied (vorausgesagter Prozentsatz an Unzufriedenen)

2 Wärmeschutz – Grundlagen – Irrtümer

2.1 Wärme ist Energie

Wärme ist Reibungsenergie, die bei der Bewegung der Atome und Moleküle (Verbindung mehrerer Atome) in festen, flüssigen und gasförmigen Körpern entsteht. Je heißer ein Stoff, desto schneller bewegen sich die Atome und Moleküle. Deshalb wird Wärme auch als thermische Energie bezeichnet.

In einem geschlossenen System bleibt die Energiemenge immer gleich (Energieerhaltungssatz). Wärme kann auch durch den Übergang aus anderen Energieformen entstehen, man denke nur an die chemische Energie in Form der Hydratationswärme beim Aushärten von Beton.

Hydratationswärme führt zu Spannungen im Beton, was wiederum genau betrachtet eine Änderung der Wärmeenergie in Spannungsenergie ist. Diese entlädt sich in Spannungsrissen.

Arten der Wärmeübertragung

Wärmeleitung ist die Übertragung von Molekülen mit höherer thermischer Energie (»warme« Moleküle) auf »kalte« Moleküle mit weniger Bewegung, sprich niedriger thermischer Energie. Die Wärmeübertragung durch Wärmeleitung findet ohne Stofftransport statt.

Wärmeübertragung durch **Konvektion** ist die Umwälzung von warmer und kalter Luft, die zum Beispiel durch Auftrieb warmer Luft, Wind oder Ventilation verursacht wird. Es handelt sich hierbei also um Wärmeübertragung mittels Stofftransport.

Dabei kommt der Auftrieb der warmen Luft dadurch zustande, dass sich Gas bei Erwärmung (größere Bewegung der Moleküle, siehe Wärme) ausdehnt (weniger Teilchen pro Volumeneinheit), die Luft wird leichter und steigt auf.

Der Wärmeaustausch durch **Wärmestrahlung** geschieht immer zwischen zwei Flächen unterschiedlicher Temperatur. Er findet über elektromagnetische Strahlung bzw. Infrarotstrahlung statt, was lediglich einen bestimmten Wellenlängenbereich bezeichnet.

2.2 Bautechnische Kenngrößen der Wärme

Die **Wärmeleitfähigkeit**, auch Wärmeleitzahl genannt, ist eine Stoffeigenschaft und wird mit λ (klein Lambda) bezeichnet. Sie gibt an, wie hoch der Wärmestrom in einer 1 m dicken Stoffschicht bei 1 K Temperaturdifferenz ist.

Stehende Luft hat eine sehr geringe Wärmeleitfähigkeit:
λ_{Luft} = 0,0261 W/mK,

hingegen hat Wasser eine hohe Wärmeleitfähigkeit:
λ_{Wasser} = 0,604 W/mK

Wärmeübertragung findet durch Berührung, Luftbewegung und elektromagnetische Strahlung statt.

Die Wärmeleitfähigkeit hängt von der Molekularstruktur, der Dichte des Baustoffes sowie vom Anteil der in den Poren eingeschlossenen Luft ab. Mit zunehmendem Luftporenanteil d. h. mit abnehmender Rohdichte sinkt die Wärmeleitfähigkeit des Baustoffes. Außerdem gilt, viele kleine Poren wärmedämmen besser als ein großer Hohlraum. Das liegt darin begründet, dass bei kleinen Poren die Wärmeübertragung durch Konvektion nahezu ausgeschaltet werden kann.

Warum nasse Baustoffe schlechter wärmedämmen und welcher Baustoff in welchem Umfang seine dämmenden Eigenschaften einbüßt, soll im Folgenden an einem kurzen Rechenbeispiel verdeutlicht werden. Dazu muss man im Hinterkopf behalten, dass bei feuchten Baustoffen die gut wärmedämmende Luft durch gut wärmeleitendes Wasser ersetzt wird.

Beispiel:
Mineralfaserdämmung trocken
    Porenanteil von 92 %,
    Wärmeleitgruppe 040:
    $\lambda_{trocken}$ = 0,04 W/mK

Mineralfaserdämmung nass
    Porenwasseranteil von 50 %
    Wärmeleitgruppe 040:
    $\lambda_{w = 50 \%}$ = 0,04 + 0,5 x 0,92 (0,604 – 0,0261) ≈ 0,305 W/mK

Ein andauernder Geheimtipp ist auch, dass die Wärmeleitfähigkeit von der Temperaturdifferenz, welcher der Baustoff ausgesetzt ist, abhängt. Das ist zwar grundsätzlich richtig, im Allgemeinen aber bei Temperaturen zwischen 0 und 100 °C vernachlässigbar gering.

Die Wärmedämmung eines Baustoffes bzw. sein **Wärmedurchlasswiderstand** hängt im Wesentlichen von der Dicke der Baustoffschicht und seiner Wärmeleitfähigkeit ab. Wie die folgende Beispielrechnung verdeutlicht, hat eine 2 cm dicke Wärmedämmung einen fast fünfmal so großen Wärmewiderstand wie eine 20 cm dicke Betonschicht.

> Die Wärmedämmung der Bauteile wird infolge Wassereinwirkung durch Tauwasserbildung bzw. Niederschlagseinwirkung oder infolge Havarien deutlich gemindert.

Beispiel:
Schicht 1:   20 cm Beton λ_1 = 2,1 W/mK
Schicht 2:   2 cm Wärmedämmung λ_2 = 0,04 W/mK

Schicht 1:
R_1 = d_1/λ_1
       = 0,20 m/(2,1 W/mK)
       = 0,095 m^{2}K/W

Schicht 2:
R_2 = d_2/λ_2
       = 0,02 m/(0,04 W/mK)
       = 0,500 m^{2}K/W

Schicht 1+2:

$$R_{1+2} = d_1/\lambda_1 + d_2/\lambda_2$$
$$= 0{,}20\,m/(2{,}1\,W/mK) + 0{,}02\,m/(0{,}04\,W/mK)$$
$$= 0{,}595\,m^2K/W$$

Etwas anders verhält es sich allerdings für den **Wärmedurchlasswiderstand der bewegten Luft**. Hier gilt für Luftschichten, die mit der Außenluft oder der Raumluft in Verbindung stehen, näherungsweise R = 0,00 m^2K/W. Das heißt auch, dass der Wärmewiderstand, von durch Außenluft hinterlüfteten Bauteilschichten, (Umkehrdach, hinterlüftete Vormauerschale der Fassade) für bauphysikalische Berechnungen nicht berücksichtigt werden darf.

Der Wärmedurchlasswiderstand von ruhenden, abgeschlossenen Luftschichten richtet sich nach der Dicke der Luftschicht und ihrer horizontalen bzw. vertikalen Ausrichtung. Gemäß DIN EN ISO 6946 werden auszugsweise folgende Wärmedurchlasswiderstände der Luft unterschieden:

Ausrichtung	Dicke	R in m^2K/W
vertikal aufwärts	15 bis 30 cm	0,16
vertikal	15 bis 30 cm	0,17 bis 0,23
horizontal	25 bis 30 cm	0,18

Tabelle 1: Richtungsabhängiger Wärmedurchlasswiderstand

Ein enger Verwandter des Wärmedurchlasswiderstandes der Luft ist der Wärmeübergangswiderstand $1/\alpha$ (alpha) an der Bauteiloberfläche. Er hat wie der Wärmedurchlasswiderstand die Einheit [m^2K/W] und beschreibt den Wärmewiderstand einer (theoretischen) sehr dünnen, unmittelbar an der Bauteiloberfläche existierenden, mehr oder weniger ruhenden Luftschicht. Da die äußere Luftschicht mehr vom Wind verwirbelt ist, also weniger ruhend und damit weniger dämmend, ist er an der äußeren Bauteiloberfläche entsprechend kleiner als an der inneren Bauteiloberfläche. Gemäß DIN EN ISO 6946 Tabelle 1 gelten folgende Wärmeübergangswiderstände an Außen- bzw. Innenwandoberflächen in Abhängigkeit der Wärmestromrichtung:

	Wärmestrom- richtung		R in m^2K/W
außen	allgemein	R_{se}	0,004
innen	aufwärts	R_{si}	0,10
innen	horizontal	R_{si}	0,13
innen	abwärts	R_{si}	0,17
Genauere Angaben über den Wärmeübergangswiderstand können den Normen DIN EN ISO 6946 und DIN EN ISO 13370 entnommen werden.			

Tabelle 2: Richtungsabhängiger Wärmeübergangswiderstand

Die Summe der Wärmeübergangswiderstände für Innen- $1/\alpha_{si}$ und Außenoberfläche $1/\alpha_{se}$ zusammen mit den Wärmedurchlasswiderständen der einzelnen Bauteilschichten R_i, ergibt den Kehrwert des Wärmedurchgangskoeffizienten $1/U$ in [m^{2}K/W]:

$$1/U = R \quad = 1/\alpha_{se} + R_i + 1/\alpha_{si}$$
$$= 1/\alpha_{se} + d_1/\lambda_1 + \dots + d_n/\lambda_n + 1/\alpha_{si}$$

Der **Wärmedurchgangskoeffizient U** wird auch Wärmedurchgangszahl bzw. U-Wert genannt, Einheit [W/m^{2}K]. Der U-Wert ist eine wichtige Größe im baulichen Wärmeschutz. Er bestimmt, wie dick die Dämmschicht eines Außenbauteils entsprechend den Richtlinien sein muss:

Beispiel: Außenwand
Schicht 1: 20 cm Beton, λ_1 = 2,1 W/mK
Schicht 2: 2 cm Wärmedämmung, λ_2 = 0,04 W/mK
Gesucht ist der U-Wert

$$
\begin{aligned}
1/U \quad &= 1/\alpha_{se} + d_1/\lambda_1 + d_2/\lambda_2 + 1/\alpha_{si} \\
&= 0,04\,\text{m}^2\text{K/W} && \text{(konstant)} \\
&\quad + 0,20\,\text{m}/(2,10\,\text{W/mK}) && \text{(sehr klein)} \\
&\quad + 0,02\,\text{m}/(0,04\,\text{W/mK}) && \text{(groß)} \\
&\quad + 0,13\,\text{m}^2\text{K/W} && \text{(konstant)} \\
&= (0,04 + 0,095 + 0,500 + 0,13)\,\text{m}^2\text{K/W} \\
&= 0,765\,\text{m}^2\text{K/W}
\end{aligned}
$$

$$
\begin{aligned}
U \quad &= 1/(0,765\,\text{m}^2\text{K/W}) \\
&= 1,307\,\text{W/m}^2\text{K}
\end{aligned}
$$

Der U-Wert wird im Wesentlichen durch die Dicke und die Wärmeleitfähigkeit der Wärmedämmung bestimmt.

Ein zweites Beispiel soll an dieser Stelle den Nachweis des U-Wertes für ein Steildach aufzeigen, wobei die Forderung besagt, dass der U-Wert kleiner gleich 0,3 W/m^{2}K (siehe EnEV Tabelle 1, Zeile 4a) sein soll:

Beispiel: Steildach, Forderung U-Wert ≤ 0,3 W/m^{2}K
Dachaufbau von innen nach außen:
Gipskarton mit Dampfsperre
Wärmedämmung WLG 040, λ = 0,040 W/mK
Unterspannbahn
Hinterlüftete, an die Außenluft angeschlossene Ziegeldeckung

Wärmeübergangswiderstand:

Dach hinterlüftet außen 0,08 m²K/W

Dach hinterlüftet innen 0,13 m²K/W

Gesucht ist die erforderliche Dämmschichtdicke d.

Der Wärmewiderstand von Gipskarton und Unterspannbahn ist sehr klein und kann entsprechend vernachlässigt werden. Der Wärmewiderstand von Hinterlüftung und Ziegeldeckung darf nicht berücksichtig werden (siehe Wärmedurchlasswiderstand der Luft). Damit bestimmt allein die Dicke der Wärmedämmung den U-Wert – und umgekehrt.

$$1/U = 1/\alpha_{se} + d/\lambda + 1/\alpha_{si}$$
$$\Rightarrow \quad d/\lambda = 1/U - 1/\alpha_{se} - 1/\alpha_{si}$$
$$\Rightarrow \quad d = \lambda \times [1/U - 1/\alpha_{se} - 1/\alpha_{si}]$$
$$= 0,040\,W/mK \times$$
$$[1/(0,3\,W/m^2K) - 0,08\,m^2K/W - 0,13\,m^2K/W]$$
$$= 0,040W/mK \times$$
$$[3,33\,m^2K/W - 0,08\,m^2K/W - 0,13\,m^2K/W]$$
$$= 0,040\,W/mK \times 3,12\,m^2K/W$$
$$= 0,125\,m$$

Das heißt, die Dämmung muss mindestens 12 cm dick sein, damit der geforderte U-Wert eingehalten wird.

In DIN 4108-2 werden gemäß Tabelle 3 Mindestwerte für den Wärmedurchlasswiderstand angegeben. Hieraus und unter Zuhilfenahme der Wärmeübergangswiderstände gemäß DIN EN ISO 6946 kann der maximal zulässige U-Wert nach DIN 4108 berechnet werden, der an keiner Stelle der Gebäudehülle überschritten werden darf, was aber noch nicht heißt, dass damit gleichzeitig die Anforderungen der Energieeinsparverordnung erfüllt sind. Im Folgenden ist eine Auswahl aufgelistet:

Bauteil	Max. zul. U-Wert in W/m²K
Außenwände	0,73
Erdberührte Wände	0,75
Dächer	0,74
Bodenplatte unter beheizten Räumen	0,93
Decke über unbeheizten Kellern	0,90

Tabelle 3: Beispiel für den Wärmedurchgangskoeffizient (U-Werte) beispielhaft berechnet für die Wärmeduchlasswiderstände gemäß DIN 4108-2

Multipliziert man den U-Wert mit der Temperaturdifferenz ΔT (Delta T) zwischen Innentemperatur T_i und Außentemperatur T_e, so erhält man die Wärmestromdichte q im Bauteil:

$q = U \times \Delta T$ $\qquad$ $[W/m^2]$ $\qquad$ mit $\Delta T = T_i - T_e$

Multipliziert man die Wärmestromdichte mit der Bauteilfläche F, so erhält man den Wärmestrom I durch das Bauteil:

$I = U \times \Delta T \times F$ $\qquad$ $[W]$

Beispiel: Außenwand
Schicht 1: 20 cm Beton, $\lambda_1 = 2{,}1\,W/mK$
Schicht 2: 2 cm Wärmedämmung, $\lambda_2 = 0{,}04\,W/mK$
Wandhöhe = 2,5 m
Wandbreite = 4,0 m
Innentemperatur $T_i = 20\,°C$
Außentemperatur $T_e = -5\,°C$

$U = 1/(0{,}13\,m^2K/W + 0{,}2\,m/(2{,}1W/mK) + 0{,}02\,m/(0{,}04\,W/mK) + 0{,}04\,m^2K/W)$
$\qquad$ = 1,307 W/m²K $\qquad\qquad\qquad\qquad$ U-Wert
F $\qquad$ = 2,5 m x 4,0 m
F $\qquad$ = 10 m² $\qquad\qquad\qquad\qquad\qquad$ Fläche
ΔT $\qquad$ = 20 °C – (-5 °C)
$\qquad$ = 25 °C $\quad$ = 25 K $\qquad\qquad\qquad$ Temperaturdifferenz
q $\qquad$ = U x ΔT
$\qquad$ = 1,307 W/m²K x 25 K
$\qquad$ = 32,675 W/m²
I $\qquad$ = U x ΔT x F
$\qquad$ = 326,75 W

Im Folgenden wird exemplarisch der U-Wert für die Bauteilflächen einer gesamten Gebäudeaußenhülle berechnet:

Bauteil: Flachdach

	d	λ	d/λ
	[m]	[W/mK]	[m^{2}K/W]
Wärmeübergang innen			0,100
Betondecke	0,200	2,100	0,095
PE-Folie	0,001	0,200	0,005
Mineralfaserdämmung WLG 040	0,140	0,040	3,500
Bituminöse Abdichtung	0,005	0,180	0,028
Wärmeübergang außen			0,040
Gesamt Dicke bzw. 1/U	0,306		3,768

U = 0,272 W/m^{2}K < 0,3 erfüllt, gemäß EnEV Neubau T1, Zeile 4a

Bauteil: Außenwand mit WDVS

	d	λ	d/λ
	[m]	[W/mK]	[m^{2}K/W]
Wärmeübergang innen			0,130
Gipsputz	0,015	0,350	0,043
Vollziegel Rohdichte 1600	0,300	0,680	0,441
Polystyroldämmung WLG 040	0,080	0,040	2,000
Kalkzementputz	0,015	0,87	0,017
Wärmeübergang außen			0,040
Gesamt Dicke bzw. 1/U	0,41		2,671

U = 0,374 W/m^{2}K < 0,45 erfüllt gemäß Enev Neubau T1, Zeile 1a

Bauteil: Bodenplatte gegen Erdreich für beheizten Kellerraum

	d	λ	d/λ
	[m]	[W/mK]	[m^{2}K/W]
Wärmeübergang innen			0,170
Anstrich diffusionsoffen	0,000	0,000	0,000
WU-Beton	0,200	2,100	0,095
Schaumglas WLG 055	0,080	0,055	1,455
Wärmeübergang außen			0,000
Gesamt Dicke bzw. 1/U	0,28		1,720

U = 0,581 W/m^{2}K < 0,5 nicht erfüllt gemäß EnEV Neubau T1, Zeile 5b

2.3   Wärmeschutz und Behaglichkeit

Ein Gebäude verliert Wärme durch den Wärmedurchgang an den Außenbauteilen (Transmission) und durch Lüftung (Lüftungswärmeverluste). Das Gebäude gewinnt Wärme durch solare Einstrahlung der Sonne durch Fenster und andere lichtdurchlässige (transluzente) Außenbauteile sowie innere Wärmegewinne durch Personen und Geräte. Im Winter sind die Wärmeverluste höher als die Wärmegewinne. Dann wird das Gebäude geheizt, um das Gebäude warm zu halten. Je größer die Gewinne und je kleiner die Verluste sind, desto weniger muss geheizt werden.

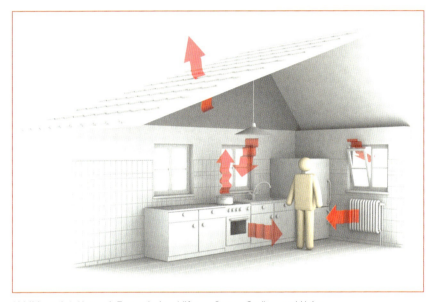

Abbildung 2.1: Haus mit Transmission, Lüftung, Sonne, Geräten und Heizung

Beim Wärmeschutz geht es sowohl um Energieeinsparung als auch um ein hygienisches Raumklima, was sich sowohl auf den Schutz vor Schimmelbefall (Tauwasserschutz) als auch auf die Behaglichkeit des Raumklimas bezieht. Dafür sind aus wärmetechnischer Sicht die Kenntnisse der Oberflächentemperatur auf der Raumseite und die Grenzschichttemperaturen zwischen den verschiedenen Baustoffschichten, und das besonders bei Außenbauteilen, von Bedeutung.

Behaglichkeit

Zu niedrige Innenoberflächentemperaturen von Außenbauteilen führen zu Unbehagen durch »Kältestrahlung« und Wärmeströmung bzw. Kälteabfall (kalte Zugluft). Für ein behagliches Klima sollte die Temperatur an der innen liegenden Bauteiloberfläche im Winter nicht mehr als 3 K unter der Raumlufttemperatur, und im Sommer nicht mehr als 3 K darüber liegen. Unzureichende Behaglichkeit kann ein Baumangel sein.

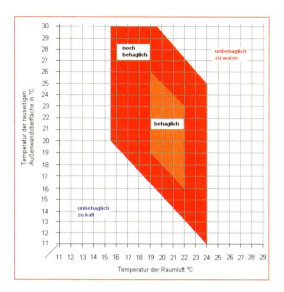

Abbildung 2.2: Behaglichkeits-
diagramm, Temperatur der Luft
x-Achse, Temperatur der
Umschließungsfläche y-Achse

2.4 Sommerlicher Wärmeschutz

Der **sommerliche Wärmeschutz** soll dafür Sorge tragen, dass sich Räume im Sommer nicht übermäßig erhitzen und insbesondere auch bei Büroräumen auf eine Kühlung durch Klimaanlagen und den damit verbundenen zusätzlichen Energieverbrauch verzichtet werden kann. Diese Betrachtung ist insbesondere auch vor dem Hintergrund zu sehen, dass mit immer größeren Fensterflächen gebaut wird, um im Winter die Sonnenstrahlung als Lichtquelle und für die thermischen Belange nutzbar zu machen. Ohne die Berücksichtigung des Treibhauseffektes, der zu einer Überhitzung der Räumlichkeiten im Sommer führen kann, ist diese Vorgehensweise allerdings bedenklich. Der Treibhauseffekt wird dadurch verursacht, dass Glas im Allgemeinen für Sonnenstrahlung gut durchlässig ist. Dadurch wird sehr viel Energie in die Räumlichkeiten eingebracht, bis zu 800 W/m^2. Im Gebäude wird die Sonnenstrahlung von den Bauteilen und dem Mobiliar absorbiert und in Wärme umgewandelt. Die so aufgeheizten Bauteile und das Mobiliar geben die Wärme als Wärmestrahlung ab. Wärmestrahlung unterscheidet sich von Sonnenstrahlung durch seine größere Wellenlänge, für die das Glas kaum durchlässig ist.

Folgende bauliche Maßnahmen können den Treibhauseffekt abmindern:

- Der außen liegende Sonnenschutz, verhindert das Eintreten von Sonnenstrahlung und wirkt einer Erwärmung der Innenraumluft sowie dem Erwärmen innen liegender Bauteile sehr gut entgegen.
- Der innen liegende Sonnenschutz verhindert das Aufheizen der Bauteile und des Mobiliars, das durch den innen liegenden Sonnenschutz verschattet wird.
- Keine dunklen Farben an Bauteilen, die durch Sonnenstrahlung im Sommer erreicht werden können, dunkle Bauteile wandeln Sonnenstrahlung stärker in Wärmestrahlung um als helle Oberflächen.

Der sommerliche Wärmeschutz ist besonders bei Gebäuden mit großen Fensterflächen und bei Gebäuden in leichter Bauweise bei denen keine Speichermasse zur Pufferung von kurz und mittelfristigen Temperaturereignisse existiert, zu berücksichtigen. Dunkle Oberflächen an Innenwänden verstärken den Treibhauseffekt.

- Schwere Bauteile heizen sich nicht so schnell auf wie leichte Bauteile und geben die Wärme entsprechend auch über einen längeren Zeitraum wieder ab. Zeitliche Verzögerung kann für guten Wärmeausgleich der Temperaturschwankungen von Tag und Nacht sorgen.
- Wärmedämmung außen führt dazu, dass sich die Wand im Sommer nicht so schnell aufwärmt, genauso wie die eher bekannte und sehr erwünschte Eigenschaft, dass es im Winter nicht so schnell auskühlt.

Beim Treibhauseffekt wirkt das Glas als Wärmefalle, die Sonne kann herein, aber nicht wieder heraus. Das Gebäude heizt sich auf. Eine gute Bauweise verschattet bei steiler Sonne im Sommer die Fenster und fängt die Sonne im Winter.

Innen liegende Wärmedämmung führt im Gegensatz zu außen liegender Wärmedämmung dazu, dass der Raum nach kurzer Aufheizungsphase der Raumluft warm ist, jedoch genauso schnell beim Lüften wieder auskühlt. Das liegt daran, dass die schwer tragende Wand nicht mit aufgeheizt wird, sie entsprechend aber auch nicht als Wärmespeicher zur Verfügung steht. Sinnvoll für die Energieeffizienz, ohne Berücksichtigung vieler anderer Gründe, die für oder gegen eine Innendämmung sprechen, ist die innen liegende Wärmedämmung deshalb vor allem für Räume geeignet, die kurzzeitig genutzt werden, wie beispielsweise Ferienwohnungen und Räume für den Freizeitsport, die keinem dauerhaften Aufenthalt dienen, aber während der Nutzung eine übliche Zimmertemperatur haben sollen.

Für den (sommerlichen) Wärmeschutz ist besonders die Wärmespeicherkapazität c des Baustoffes wichtig. Die Wärmespeicherkapazität bezeichnet die Wärmemenge (Energie), die 1 kg eines Baustoffes aufgenommen hat, wenn er sich um 1 K (Kelvin) erwärmt. Dabei handelt es sich um eine Stoffeigenschaft, die erstmal unabhängig von der Dichte des Baustoffes betrachtet werden kann. Für die baupraktische Anwendung ist jedoch von größerer Bedeutung, wie viel Wärmeenergie 1 m³ eines Baustoffes speichern kann. Entscheidend ist dann das Produkt aus Wärmespeicherkapazität und Rohdichte eines Baustoffes c x ρ.

Beispiel: Beton

c_{Beton} = 0,291 Wh/kgK   (unabhängig von der Rohdichte)

Schwerbeton mit einer Rohdichte ρ = 2400 kg/m³
c x ρ   = 0,291 Wh/kgK x 2400 kg/m³
         = 698 Wh/m³K

Leichtbeton mit einer Rohdichte ρ = 500 kg/m³
c x ρ   = 0,291 Wh/kgK x 500 kg/m³
         = 175 Wh/m³K

D. h. der Leichtbeton speichert lediglich ¼ der Wärmeenergie von Schwerbeton. Das ist die Ursache dafür, dass sich Gebäude in massiver Bauweise, also mit Beton oder Steinmauern, langsamer aufheizen als Gebäude in Skelettbauweise mit Leichtbauwänden.

Beispiel: Luft

C_{Luft} = 0,278 Wh/kgK
ρ_{Luft} = 1,25 kg/m^3
c x ρ = 0,278 Wh/kgK x 1,25 kg/m^3
= 0,35 Wh/m^{3}K

Luft kann nur sehr wenig Wärme speichern

Beispiel: Wasser

C_{Wasser} = 1,163 Wh/kgK
ρ_{Wasser} = 1000 kg/m^3
c x ρ = 1,163 Wh/kgK x 1000 kg/m^3
= 1163 Wh/m^{3}K

Wasser kann sehr viel mehr Wärme speichern als Luft, unabhängig davon, dass es einen sehr viel schlechteren Wärmedämmwert bzw. eine höhere Wärmeleitfähigkeit λ als eine ruhende Luftschicht hat, wie bereits zuvor erläutert. In der Haustechnik findet dieses Prinzip Anwendung bei Wasserspeichern von thermischen Solaranlagen oder auch bei dünnen Wasserrohren von Kühldecken statt dicker Luftkanäle der Luftkühlung.

Gemäß DIN 4108-2 werden keine Anforderungen an den sommerlichen Wärmeschutz gestellt, sofern der auf die Grundfläche des kritischen Raumes bezogene Fensterflächenanteil, für eine Neigung der Fensterflächen gegenüber der horizontalen von über 60° bis 90° bei einer Fensterflächenausrichtung von Nord-West über Süd bis Nord-Ost, nicht über 10 % und für alle anderen Richtungen nicht über 15 % liegt. Bei einer Fensterflächenneigung gegenüber der Horizontalen zwischen 0° bis 60° werden keine Anforderungen an den sommerlichen Wärmeschutz gestellt, sofern der Fensterflächenanteil bezogen auf die Grundfläche nicht über 7 % liegt. Für einen Nachweis bei Anforderungen an den sommerlichen Wärmeschutzes sind die wesentlichen Einflussfaktoren die Einstufung in eine von drei Klimazonen in Deutschland, die Bauart (leichte oder schwere Bauart) und der geplante Sonnenschutz für die Fenster und Fenstertüren. Ein Abminderungsfaktor berücksichtigt dabei den positiven Einfluss auf den sommerlichen Wärmeschutz für geplante und fest installierte Sonnenschutzvorrichtungen. Im Folgenden ist beispielhaft die Größenordnung des Abminderungsfaktors aufgeführt, für ausführliche Angaben siehe DIN 8108-2 Tabelle 8:

F_c = 1   ohne Sonnenschutz
F_c = 0,75 bis 0,9   Jalousie innen je nach Farbe und Transparenz
F_c = 0,25 bis 0,5   Jalousie außen je nach Ausführung und Transparenz.

Der Nachweis zur Einhaltung des sommerlichen Wärmeschutzes ergibt sich aus der Überprüfung, dass der berechnete Sonneneintragswert kleiner ist als der für den betrachteten Fall zuständige Höchstwert S_{zul} des Sonneneintragswerts. Voraussetzung für die Anwendung des Nachweisverfahren nach DIN 4108-2 ist, dass die mittleren internen Wärmegewinne bezogen auf die jeweilig betrachtete Nettogrundfläche nicht wesentlich von 120 Wh/(m^{2}d) abweichen bzw. diese überschreiten.

Bei der dargestellten baulichen Situation ergibt sich dann in Abhängigkeit des gewählten Sonnenschutzes der im folgenden beschriebene Sonneneintragswert.

Bauliche Situation:

Das Gebäude steht in der Klimaregion B gemäßigtes Klima, der obere Grenzwert für die Innentemperatur ist damit auf 26 °C festgelegt z. B. in München, Würzburg oder Münster. Die Fensterflächenneigung beträgt 90°, die Fensterausrichtung ist Süd. Die betrachtete Wandfläche ist inklusive Fensterfläche 10 m^2, die Nettogrundfläche ist 10 m^2 und der Fensterflächenanteil insgesamt gegenüber der Grundfläche des Raumes f_{AG} ist 15 % > 10 %, so dass ein gesonderter Nachweis zu führen ist. Das Gebäude ist in leichter Bauart, ohne Nachweis der wirksamen Wärmespeicherfähigkeit C_{wirk} bezogen auf die Nettogrundfläche, gebaut. Zum Einsatz kommen Fenster mit einem Rahmenanteil von ca. 30 %. Der Gesamtenergiedurchlassgrad der eingesetzten Verglasung ist g = 40 %. Damit ergibt sich der Sonneneintragskennwert in Abhängigkeit des Sonnenschutzes zu, wobei der Gesamtenergiedurchlassgrad g der Verglasung gemäß DIN EN 410 vom Hersteller angegeben wird:

$$S = \frac{A_w \cdot g \cdot F_C}{A_G} = 0{,}15 \cdot 0{,}4 \cdot F_C = 0{,}06 \cdot F_C$$

Der Höchstwert des zulässigen Sonneneintragswertes ergibt sich beispielhaft aus Tabelle 9 DIN 4108-2 zu:

$$S_{zul} = 0{,}03 + \frac{(1{,}5 m^2 + 0{,}3 \cdot 8{,}5 m^2)}{10}\ 0{,}06 = 0{,}0543$$

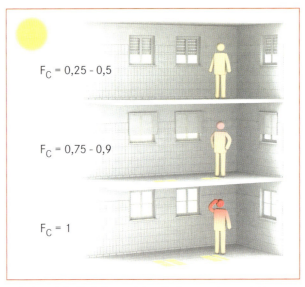

$F_C = 0{,}25 - 0{,}5$

$F_C = 0{,}75 - 0{,}9$

$F_C = 1$

Abbildung 2.3: Abminderungsfaktor für Sonnenschutzvorrichtungen

2.5 Winterlicher Wärmeschutz

Beim **winterlichen Wärmeschutz** sind der Wärmedurchgangswiderstand R in $[m^2K/W]$ bzw. dessen Kehrwert die Wärmedurchgangszahl, besser bekannt als U-Wert, in $[W/m^2k]$ die wichtigen bautechnischen Kenngrößen. Winterlicher Wärmeschutz soll vor allem vor zu hohen Heizenergieverlusten durch schlecht gedämmte Außenwände sowie dem konstruktiven und hygienischen Feuchteschutz dienen, er soll ebenso Kondensatbildung auf und in den Bauteilen verhindern.

Kondensat bedeutet, es bildet sich Wasser in flüssiger Form, was wiederum verschiedene Konsequenzen für das betroffene Bauteil haben kann:

- Schimmelbildung auf Bauteiloberflächen
- Schimmel in Wandhohlräumen (hinter Vorsatzschalen), was zu erhöhter Sporenbelastung in der Raumluft führt mit den damit einhergehenden gesundheitlichen Risiken
- Zerstörung der Dämmung, soweit diese ohne besondere Kennzeichnung und damit nicht wasserfest ausgelegt ist
- Zerstörung von Holzbauteilen, zum Beispiel Balkenköpfen von Holzbalkendecken
- Herabsenken des Dämmwertes bzw. des Wärmedurchgangswiderstandes der Wärmedämmung.

Zum winterlichen Wärmeschutz gehört auch, dass die wärmeübertragenden Umfassungsflächen des Gebäudes allseitig dauerhaft luftundurchlässig abgedichtet sein müssen. Lücken in der Ebene der Luftdichtigkeit führen zum Abfall der Bauteiltemperatur im Bereich einer solchen Leckage. Der Abfall der Temperatur in diesen Bereichen entsteht überwiegend bei kalten Außentemperaturen, kann aber auch schon durch hohe Luftgeschwindigkeiten, die an solchen (Leckage-)Stellen entstehen, auftreten.

Für den winterlichen Wärmeschutz gilt, die Wärmedämmhülle muss allseitig lückenlos umschließend sein. Hierzu gehören auch (Heizungs-)Nischen, Fenster, Fenstersturz und Leibungen, Türen, Türsturz und Türleibungen, Wände und Decken zu unbeheizten Räumen wie, zum Beispiel Keller, Dachböden und Hausflure.

3 Tauwasserschutz – Grundlagen – Irrtümer

3.1 Relativer Feuchtegehalt der abgeschlossenen Raumluft

Der **Wasserdampfdruck** in der Raumluft entsteht durch das praktisch immer in der Luft enthaltene Wasser in gasförmiger Form, den Wasserdampf. Wasserdampf ist unsichtbar.

Nebel ist kein Wasserdampf, sondern in der Luft fein verteiltes, flüssiges Wasser.

Der Feuchtegehalt der Luft wird als die in ihr enthaltene Wasserdampfmenge g, Einheit $[g/m^3]$ oder in der Form des Dampfdruckes p, Einheit $[N/m^2] = [Pa]$ beschrieben. Der Feuchtegehalt, ausgedrückt als Wasserdampfdruck, kann wie folgt in die Wasserdampfmenge umgerechnet werden, dabei steht der Index »s« für Sättigung:

$$\frac{p}{p_s} = \frac{g}{g_s}$$

Der Dampfdruck p, Einheit Pascal [Pa], ist wie die Wasserdampfmenge g ein Maß für die Luftfeuchtigkeit. Je mehr Wasserdampf in der Luft enthalten ist, desto höher ist der (Wasser-)Dampfdruck der Luft.

Vergleicht man den Wasserdampfdruck der Luft mit dem Luftdruck in einem Autoreifen, so gibt es beim Wasserdampf in der Luft einen maximalen Wasserdampfdruck (Sättigungsdampfdruck), der nicht überschritten werden kann. Ein vergleichbarer Autoreifen würde bei Überschreiten dieses maximalen Druckes platzen. Darüber hinausgehende Wasserdampfmengen, die in die Luft eingebracht werden, führen zum Kondensatausfall, das bedeutet, es wird so viel Wasserdampf zu flüssigem Wasser bis der temperaturabhängige maximale Wasserdampfdruck in der Luft wieder erreicht ist. Dabei kann kalte Luft grundsätzlich weniger Wasserdampf aufnehmen, hat also einen geringeren maximalen Wasserdampfdruck als warme Luft. Wichtig ist hierbei also, dass der Grenzwert des Wasserdampfdruckes der Luft im Wesentlichen von der Temperatur der Luft bzw. eines beliebigen Gases oder Gasgemisches abhängt.

Entsprechend der Feststellung, dass es einen maximalen Wasserdampfdruck (Sättigungswasserdampfdruck) gibt, wird der Wasserdampfdruck, der kleiner ist als der maximale Wasserdampfdruck, Wasserdampfpartialdruck oder auch Wasserdampfteildruck (partial ≡ Teil-) genannt.

Über den Wasserdampfpartialdruck bei einer gemessenen Raumlufttemperatur und -feuchte kann die an einer Bauteiloberfläche als Kondensat anfallende Wassermenge wie folgt berechnet werden:

Der Wasserdampfdruck verhält sich wie der Luftdruck im Autoreifen, je mehr Luft in den Reifen gepumpt wird, desto höher steigt der Luftdruck im Reifen. Je mehr Wasserdampf in der Luft ist, umso höher ist der Wasserdampfdruck. Der temperaturabhängige Sättigungswasserdampfdruck kann dabei aber nicht überschritten werden.

Beispiel:

20 °C/72 % rel. F	gemessenes Raumklima
12 °C	gemessene Oberflächentemperatur
p_{sat}(20 °C) = 2340 Pa	Tabellenwert
p_{sat}(12 °C) = 1403 Pa	Tabellenwert
p(20 °C) = 2340 [Pa] · 72 [%]/ 100 = 1685 [Pa]	Partialdampfdruck

Der berechnete Partialdampfdruck der Raumluft ist größer als der Sättigungsdampfdruck für die 12 °C kalte Bauteiloberfläche: 1685 [Pa] > 1403 [Pa]. Der über den Sättigungsdampfdruck hinausgehende Dampfdruck fällt als Kondensat an der Bauteiloberfläche aus.

Die Menge ausfallenden Kondensats berechnet sich dann über den Wasserdampfpartialdruck der Raumluft bezogen auf den Wasserdampfsättigungsdruck bei 12 °C, multipliziert mit der Wasserdampfsättigungsmenge bei 12 °C:

Die **Wasserdampfmenge,** die in der Luft enthalten ist, verhält sich im Wesentlichen wie der Wasserdampfdruck, kann aber zur Veranschaulichung direkt mit dem in der Luft enthaltenen Wasser in gasförmiger Form gleich gesetzt werden, was den Umgang mit dieser Größe, wesentlich vereinfacht. Die maximale Wasserdampfmenge, die von der Luft aufgenommen werden kann, ist also ebenfalls temperaturabhängig. Enthält die Luft ihre maximal mögliche Wasserdampfmenge für eine bestimmte Temperatur, kann sie kein weiteres Wasser mehr aufnehmen, man spricht dann von der Sättigungswassermenge g_S, Einheit [g/m³].

> Kondensat fällt immer an der kältesten Stelle aus. Deshalb beschlagen bei hoher Luftfeuchtigkeit in der Regel zuerst die Fensterscheiben.

Die maximale Wasserdampfmenge ist äquivalent zum Wasserdampfdruck, für kalte Luft erheblich kleiner als für warme Luft. Zum Beispiel kann Luft
bei 20 °C   17,3 g/m³, Gramm Wasser je Kubikmeter Luft,
bei 10 °C nur   9,4 g/m³, Gramm Wasser je Kubikmeter Luft
aufnehmen.

ϑ in °C	g_S in g/m³	ϑ in °C	g_S in g/m³	ϑ in °C	g_S in g/m³	ϑ in °C	g_S in g/m³
-10	2,14	0	4,85	10	9,39	20	17,3
-9	2,33	1	5,20	11	10,0	21	18,3
-8	2,53	2	5,57	12	10,7	22	19,4
-7	2,75	3	5,95	13	11,3	23	20,6
-6	2,98	4	6,36	14	12,1	24	21,8
-5	3,23	5	6,79	15	12,8	25	23,0
-4	3,5	6	7,25	16	13,7	26	24,4
-3	3,81	7	7,74	17	14,5	27	25,8
-2	4,14	8	8,26	18	15,4	28	27,2
-1	4,49	9	8,81	19	16,3	29	28,8

Tabelle 4: Temperaturabhängige Sättigungswassermengen

Eine Veranschaulichung der in der Luft enthaltenen Wasserdampfmenge soll die Betrachtung eines abgeschlossenen Kubikmeter Luft, der eine Temperatur T_1 hat und mit Wasserdampf gesättigt ist, geben. Hier ist die in dem Kubikmeter enthaltene Wasserdampfmenge g genauso groß wie die Sättigungswassermenge g_{s1} für die Temperatur T_1. Wird die Luft auf eine niedrigere Temperatur T_2 abgekühlt, so bleibt die in dem Kubikmeter enthaltene Wasserdampfmenge g gleich, denn das Wasser kann nicht entweichen. Jedoch sinkt mit fallender Temperatur die Sättigungswasserdampfmenge, die die Luft maximal aufnehmen kann. Damit müsste die abgekühlte Luft mehr Wasserdampf als die Sättigungswasserdampfmenge g_{s2} enthalten, was aber nicht möglich ist. Deshalb kondensiert die Menge Wasserdampf zu Wasser in flüssiger Form, die über die Sättigungswasserdampfmenge g_{s2} für die Temperatur T_2 hinaus in der Luft enthalten ist. Die ausgefallene Tauwassermenge g_{Tau} bildet Nebel, schlägt sich an den Umfassungsflächen des abgeschlossenen Kubikmeters nieder oder bildet eine Pfütze auf dem Boden. Die Tauwassermenge ergibt sich aus $g_{Tau} = g_{s1} - g_{s2}$ mit $T_2 < T_1$.

Bereits sehr kleine Temperaturabsenkungen führen bei mit Wasserdampf gesättigter Luft, zu Tauwasserausfall bzw. Kondensatbildung.

Beispiel: die mit Wasserdampf gesättigte Luft eines $50\,m^3$ großen Raumes wird von $20\,°C$ auf $10\,°C$ abgekühlt. Dabei fällt folgende Tauwassermenge G_{Tau} in $[g/m^3]$ an:

Raumvolumen:	$V = 50\,m^3$
Anfangstemperatur:	$T_1 = 20\,°C$
Sättigungswasserdampfmenge:	$g_{s1} = 17{,}3\ g/m^3$
Endtemperatur:	$T_2 = 10\,°C$
Sättigungswasserdampfmenge:	$g_{s2} = 9{,}4\ g/m^3$

Im Raum enthaltene Wassermenge:

$$G_1 = V \times g_{s1}$$
$$= 50\,m^3 \times 17{,}3\ g/m^3$$
$$= 865\,g$$

Nach der Abkühlung in der Luft enthaltener Wasserdampf:

$$G_2 = V \times g_{s2}$$
$$= 50\,m^3 \times 9{,}4\ g/m^3$$
$$= 470\,g$$

Aus der Luft ausgefallenen Tauwassermenge:

$$G_{Tau} = G_1 - G_2$$
$$= 865\,g - 470\,g$$
$$= 395\,g$$

Das sind fast 0,4 Liter Wasser, also ein großes Glas voll.

In einem Kochtopf ist die Luft unmittelbar über einer kochenden Wasseroberfläche mit Wasserdampf gesättigt. Die heiße Luft steigt auf, kühlt sich dabei ab, der enthaltene Wasserdampf fällt teilweise als Nebel aus und schlägt sich bekanntermaßen als Wasserfilm an den Möbeln nieder.

Im realen Leben ist die Wasserdampfmenge g in der Luft kleiner als die Sättigungs-wassermenge g_s, das heißt auch der Dampfdruck p ist kleiner als der Sättigungs-dampfdruck p_s. Der Wasserdampfgehalt der Luft wird dann häufig als relative Luft-feuchtigkeit (r. F.), Einheit in [%] angegeben. Es gilt:

r. F. = g/g_s = p/p_s in %

Umgekehrt gilt bei Kenntnis der relativen Luftfeuchtigkeit und der Lufttemperatur für die Wasserdampfmenge g bzw. den Wasserdampfpartialdruck p:

	g = r. F. x g_s	und	p = r. F. x p_s
Für r. F. = 50 % gilt:	g = 0,5 x g_s	und	p = 0,5 x p_s
Für r. F. = 100 % gilt:	g = g_s	und	p = p_s

Die Wasserdampfmenge in einem Kubikmeter 20 °C warmer Luft bei 50 % r. F. ist:

g 　　　= r. F. x g_s
　　　　= 0,5 x 17,3 g
　　　　= 8,65 g

Ein Kubikmeter 10 °C kalter Luft, der 8,65 g Wasserdampf enthält, hat eine relative Luftfeuchtigkeit von:

r. F. 　　= g/g_s
　　　　= 8,65 g/9,4 g
　　　　= 0,92
　　　　= 0,92 x 100 = 92 %

Dieselbe Wasserdampfmenge von 8,65 g/m^3 entspricht also bei 20 °C einer relativen Luftfeuchtigkeit von 50 % und bei 10 °C einer relativen Luftfeuchtigkeit von 92 %.

Das oben betrachtete Beispiel zeigt uns für die Betrachtung eines abgeschlosse-nen Kubikmeters Luft, welcher die Temperatur T_1 und eine relative Luftfeuchtig-keit r. F_1 < 100 % hat, dass die in dem Kubikmeter enthaltene Wasserdampfmenge g_1 = r. F_1 x g_{s1} ist.

Wird die Luft abgekühlt, so bleibt die in dem Kubikmeter enthaltenen Wasserdampf-menge g_1 gleich. Jedoch sinkt mit fallender Temperatur die Sättigungswassermenge g_s. Deshalb steigt mit fallender Temperatur die relative Luftfeuchtigkeit r. F. = g_1/g_s an.

Als **Taupunkttemperatur** wird diejenige Temperatur bezeichnet, bei der durch Ab-kühlen der Luft diese irgendwann die Temperatur T_2 erreicht, bei der die enthaltene Wasserdampfmenge g_1 genauso groß wird wie die Sättigungswasserdampfmenge g_{s2} für die Temperatur T_2. Die relative Luftfeuchtigkeit ist dann r. F_2 = g_1/g_{s2} = 100 %. Die Luft ist jetzt mit Wasserdampf gesättigt.

17,3 g Wasser bei 20 °C sind fast 2 cl, also knapp ein Schnapsglas voll Wasser. Ein Kubikmeter mit 10 °C kalter Luft kann entsprechend etwa nur ein halbes Schnaps-glas voll Wasser aufnehmen.

Je größer die relative Luftfeuchtigkeit r. F_1 bei der Temperatur T_1 zu Beginn war, desto höher ist die Temperatur T_2, bei der die Luft mit Wasserdampf gesättigt ist. Die Temperatur T_2 wird als Taupunkttemperatur T_S oder kurz als Taupunkt bezeichnet.

Wird die Luft noch weiter auf eine Temperatur T_3 unterhalb des Taupunktes T_S abgekühlt, so sinkt die Sättigungsdampfmenge weiter und wird kleiner als die enthaltene Wassermenge. Jetzt fällt gerade so viel Tauwasser aus der Luft aus, bis die in der Luft enthaltene Wasserdampfmenge wieder genauso groß ist wie die Sättigungswasserdampfmenge für die Tautemperatur T_S. Die Tauwassermenge g_{Tau3} für die Temperatur T_3 ist dann:

$$g_{Tau3} = g_1 - g_{s3} \quad \text{mit } T_3 < T_S$$

Mit weiter sinkender Temperatur wird die Tauwassermenge immer größer. Tatsächlich schwanken Lufttemperatur und Luftfeuchtigkeit innerhalb eines Raumes. Deshalb kann es auch schon bei Temperaturen oberhalb der Taupunkttemperatur zur Kondensatbildung kommen. Die Tauwassergefahr besteht schon ab ca. 80 % relativer Luftfeuchtigkeit (r. F.).

Die Taupunkttemperatur T_S für 20 °C warme Luft mit einer relativen Luftfeuchtigkeit von r. F. = 60 % ergibt sich in dem zunächst die tatsächliche Wassermenge in der Luft berechnet wird:

$$
\begin{aligned}
g_1 \quad &= \text{r.} F_1 \times g_{s1} \qquad\qquad \text{für } T_1 = 20\,°C \\
&= 0{,}60 \times 17{,}3 \text{ g/m}^3 \\
&= 10{,}4 \text{ g/m}^3
\end{aligned}
$$

Die Taupunkttemperatur T_S ist dann die Temperatur, für die die Sättigungswassermenge $g_{s2} = g_1 = 10{,}4$ g/m^3 ist. Diese Temperatur kann berechnet werden, existiert aber auch schon berechnet in verschiedenen Tabellenwerken. Im Folgen ist ein Auszug für die gebräuchlichsten Temperaturen und relativen Luftfeuchte aufgeführt, Zwischenwerte können interpoliert werden.

Lufttemperatur	Taupunkttemperatur T_S in °C bei einer relativen Luftfeuchte r. F. von						
	40 %	45 %	50 %	55 %	**60 %**	70 %	80 %
18 °C	4,2	5,9	7,4	8,8	10,1	12,5	14,5
19 °C	5,1	6,8	8,3	9,8	11,1	13,4	15,5
20 °C	6,0	7,7	9,3	10,7	**12,0**	14,4	16,4
21 °C	6,9	8,6	10,2	11,6	12,9	15,3	17,4
22 °C	7,8	9,5	11,1	12,5	13,9	16,3	18,4
23 °C	8,7	10,4	12,0	13,5	14,8	17,2	19,4

Tabelle 5: Taupunkttemperatur in Abhängigkeit der Raumtemperatur und der relativen Raumluftfeuchte gemäß DIN 4108-3 Tabelle A4 (Auszug)

Die Raumluft wird unter Anderem durch folgende Wasserdampfquellen befeuchtet, ausgedrückt in Nutzungsfeuchte G_n in Gramm Wasser pro Stunde, Einheit [g/h]:

Atmung eines Menschen	20	bis	70 g/h
Kochen	500	bis	1500 g/h
Baden/Duschen/Waschen	500	bis	800 g/h
Wäsche trocknen	50	bis	500 g/h
Zimmerpflanzen	5	bis	20 g/h
Freie Wasserfläche je m²		ca.	40 g/h

3.2 Entwicklung der Raumluftfeuchte bei Lüftung

In Abhängigkeit von der so genannten **Luftwechselrate** verändert sich beim Lüften durch den Luftaustausch der Raumluft g_i mit der Außenluft g_e die Wasserdampfmenge der Raumluft. Die Luftwechselrate n_L entspricht dem Luftaustausch zwischen Raumluft und Außenluft pro Stunde, Einheit $[1/h] = [h^{-1}]$, sie wird wie folgt berechnet:

$$g_i = g_e + G_n/(V \times n_L) \quad \text{in } [g/m^3]$$

Die relative Luftfeuchtigkeit ist dann:

$$r.\,F_i = g_i/g_{si} \qquad \text{in } \%$$

Als Beispiel wird die Erhöhung der Raumluftfeuchte durch zwei im Winter in einem Raum arbeitende Personen, bei einem Außenklima von $T_e = 0\,°C$, einer relativen Außenluftfeuchte von $r.\,F_e = 50\,\%$ und einer Feuchteabgabe durch Atmung und Schwitzen von 70 g/h je Person, betrachtet.

Die Lüftung des Raumes entsteht durch ein gekipptes Fenster mit einer Luftwechselrate von $n_L = 0,5\ h^{-1}$. Die Raumtemperatur beträgt $T_i = 20\,°C$. Der Raum ist 4,0 m breit, 5,0 m tief und 2,5 m hoch. Damit ergibt sich die Erhöhung der relative Raumluftfeuchte durch die beiden arbeitenden Personen zu:

Nutzungsfeuchte	G_n	= 2 x 70 g/h = 140 g/h
Raumvolumen	V	= 4,0 m x 5,0 m x 2,5 m = 50 m³
Luftwechselrate	n_L	= 0,5 h⁻¹

Außenluft

Außentemperatur	T_e	= 0 °C/$r.\,F_e$ 50 %:
Sättigungsdampfmenge	$g_{se}(0\,°C)$	= 4,8 g/m³
Feuchtegehalt Außenluft	g_e	= $r.\,F_e$ x g_{se} = 50 % x 4,8 g/m³ = 2,4 g/m³

Raumluft

	g_i	= g_e + G_n/(V x n_L)
		= 2,4 g/m³ + (140 g/h)/(50 m³ x 0,5 h⁻¹)
		= 2,4 g/m³ + 5,6 g/m³
		= 8,0 g/m³
	T_i	= 20 °C gilt
Sättigungsdampfmenge	g_{si} (20 °C)	= 17,3 g/m³

Relative Raumluftfeuchte

$$r.F_i \quad = g_i/g_{si}$$
$$= 8,0 \text{ g/m}^3 / 17,3 \text{ g/m}^3$$
$$= 0,46$$
$$= 46\%$$

Für das gleiche Beispiel bei geschlossenem aber undichtem Fenster darf eine Luftwechselrate von $n_L = 0,25 \text{ h}^{-1}$ angenommen werden. Für die gleiche Feuchtebelastung bei halber Luftwechselrate würde die relative Raumluftfeuchte am Ende der Arbeiten nicht wie zuvor 46 % betragen, sondern wäre mit 79 % dramatisch angestiegen.

Die Lüftung nimmt einen hohen Einfluss auf den Anstieg der Raumluftfeuchte. Dagegen ist die »Atmung« von Bauteilen, also das Hindurchdiffundieren von Wasserdampf durch Außenbauteile aus dem Raum nach außen, zur Regulierung der Raumluftfeuchte völlig unbedeutend.

Eine gewisse Regulierung der Raumluftfeuchte findet durch baustoffabhängige mehr oder weniger gute Sorption mit temporärer Speicherung des Wasserdampfes in den Bauteiloberflächen statt.

Spezielle hygroskopische Putze bzw. Innendämmsysteme können Feuchte aus der Raumluft kurzfristig aufnehmen und damit zeitweilig hohe Raumluftfeuchten abpuffern. Aber auch diese Feuchtigkeit muss durch anschließend verstärktes Lüften bzw. günstige Raumklimabedingungen aus dem Baustoff abgeführt werden.

3.3 Tauwasserbildung

Für den Tauwasserausfall in einem Raum ist es nicht notwendig, dass der ganze Raum kalt ist wie beispielsweise ein unbeheiztes Schlafzimmer. Es reicht, wenn ein Bauteil bzw. das Teilstück eines Bauteils (Wärmebrücke) so kalt ist, dass auf der Oberfläche die Taupunkttemperatur erreicht wird. Eine dünne Luftschicht (Grenzschicht) unmittelbar vor dem Bauteil nimmt dann bei mehr oder weniger stehender Raumluft die Temperatur der Bauteiloberfläche an, kühlt also auf die kalte Oberflächentemperatur ab. Wird in dieser dünnen Luftschicht die Taupunkttemperatur unterschritten, fällt Tauwasser aus und es bildet sich Tauwasser auf der Bauteiloberfläche.

Betroffen davon sind überwiegend im Winter ungenügend gedämmte Außenbauteile zum Beispiel Fenster mit Einfachverglasung, Fensterleibungen, -stürze und -bänke, Beton-, Stahl- und Stahlbetonbauteile, die ungedämmt die Außenhülle des Gebäudes durchdringen sowie Bereiche, an denen mehr oder weniger gedämmte Außenbauteile aufeinander treffen wie Außenwandecken unter Flachdächern oder Decken unter ungedämmten Dachräumen.

Die gezielte Lüftung ist üblicherweise besonders im Winter zu beachten, wenn sich Wärmebrücken aufgrund niedriger Außentemperaturen verstärkt bemerkbar machen. Dann ist das Lüften aufgrund niedriger Außentemperaturen und dem damit einhergehenden geringen absoluten Wassergehalt in der Außenluft auch besonders effektiv.

Im Sommer ist das Augenmerk auf die erdberührten Außenwände bzw. die Bodenplatte zu richten. Insbesondere wenn diese ungedämmt sind, werden sie vom angrenzenden Erdreich, welches ganzjährig ca. 8 °C aufweist, gekühlt. Es fällt dann an den im Vergleich zur Raumluft und zur Außenluft kälteren Bauteiloberflächen Kondensat aus, sofern das Raumluftklima an der Wandoberfläche auf seine Tautemperatur abgekühlt wird.

Beispiel:
Typisches sommerliches Außenklima 28 °C / 60 % rel. F.,
Raumlufttemperatur im Keller 18 °C
p_S (28 °C; 100 %) = 3781 Pa
p (28 °C; 60 %) = 3781 Pa x 0,6 = 2269 Pa

p_S (18 °C; 100 %) = 2065 Pa < 2269 Pa

Der Vergleich des Wasserdampfdruckes bei 28 °C und 60 % relativer Luftfeuchte mit dem Sättigungsdampfdruck bei 18 °C Raumtemperatur im Keller zeigt, dass die Tautemperatur der Raumluft bereits unterschritten ist. Da die Wände aufgrund der Kühlung durch das Erdreich in der Regel im Sommer kälter sind als die Raumluft, fällt an den Kellerwänden im Sommer, sofern sie durch falsches Lüften mit der warmen Außenluft in Berührung kommen, sehr schnell Tauwasser aus.

Tauwasserausfall wird zum Bauschaden, wenn Tauwasser sich konstruktionsbedingt immer wieder an der gleichen Stelle bildet. Bei häufiger feuchten Bauteiloberflächen besteht dann je nach Baustoff Fäulnis- und/oder Schimmelgefahr. Ein Schimmelpilz ist nicht nur ein optischer Mangel, sondern kann auch eine Gesundheitsgefahr darstellen. Manche Pilzarten und Fäulnis verursachen zudem eine Baustoffzerstörung, die bis zum statischen Versagen der Baukonstruktion führen kann. Gefährdet sind insbesondere organische Stoffe, die als ideale Nahrungsgrundlage dienen, zum Beispiel kunststoffvergüteter Putz, Tapete, Teppiche und Holz.

Nicht so stark gefährdet sind mineralisch Baustoffe, wie Mörtel, reiner Kalkputz und Beton ohne Kunststoffvergütung, insbesondere solange die Baustoffe einen hohen pH-Werte haben, d. h. sehr alkalisch sind (Beton oder Kalk). Es gibt nur wenige Schimmelarten, die sich in diesem Milieu wohl fühlen.

Wasserdampfdiffusion ist Wasserdampf, der in ein Bauteil eindringt und durch es hindurch wandert (diffundiert). Die Diffusion ist ein sehr langsamer Transportprozess. Ursache für die Wasserdampfdiffusion ist die Molekularbewegung der Wassermoleküle.

Die Richtung der Dampfdiffusion wird durch die Druckdifferenz bestimmt, d. h. im Winter ist der absolute Wasserdampfdruck und damit auch der Wassergehalt der Luft im warmen Gebäude höher als der der kalten Außenluft. Dann dringt von der Raumseite mehr Wasserdampf in das Außenbauteil ein als von außen. So ergibt sich der Eindruck, dass der Wasserdampf – ganz langsam – von innen nach außen strömt. Dabei verteilt sich der Wasserdampf in einer Bauteilschicht so, dass eine lineare Ver-

Ein unbeheizter Keller sollte im Sommer möglichst wenig belüftet werden solange die Außentemperatur wärmer ist als die Raumlufttemperatur im Keller. Sonst würde in die Kellerräume Feuchtigkeit hinein gelüftet.

teilung stattfindet. Am raumseitigen Rand des Bauteils ist die Wasserdampfmenge fast so groß wie in der Raumluft, an der äußeren Bauteiloberfläche fast so klein wie in der Außenluft.

Tauwasserbildung im Bauteil entsteht in der Regel im Winter. Dann nimmt in den Außenbauteilen eines beheizten Raumes die Wasserdampfmenge [g/m^3] von innen nach außen ab. Ebenso nimmt die Temperatur in den Außenbauteilen von innen nach außen ab. Man beachte, dass die Sättigungswasserdampfmenge temperaturabhängig ist. Sie nimmt schnell mit sinkender Temperatur ab, das bedeutet sie sinkt im Winter auch schnell von innen nach außen. Die Raumluftfeuchte ist üblicherweise zwischen 50 und 60% d. h. sie ist ungesättigt und d. h. die Wasserdampfmenge der Raumluft ist kleiner als die Sättigungswassermenge. Gleiches gilt dann auch für die raumseitige Wandoberfläche des Außenbauteils, sofern hier die Temperatur nur geringfügig niedriger ist als die der Raumluft (nicht bei Wärmebrücken).

Wenn die Außenluft ungesättigt ist, ist in der Außenluft die Wasserdampfmenge ebenfalls kleiner als die Sättigungswasserdampfmenge der Außentemperatur. Gleiches gilt dann auch an der äußeren Wandoberfläche des Außenbauteils, insbesondere da diese im betrachteten Winterfall eher wärmer ist als die Außenluft.

Bei gut geplanten Außenbauteilen ist auch überall im Bauteil die Wasserdampfmenge kleiner als die temperaturabhängige Wasserdampfsättigungsmenge, d. h. die Temperatur darf im Bauteil von innen nach außen im Verhältnis nicht schneller sinken als der Wasserdampfdruck. Dann ist die Luft im Bauteil nirgendwo wasserdampfgesättigt und es fällt kein Kondensat im Bauteil aus. Bei ungünstigem Aufbau des Außenbauteils kann bei tiefen Außentemperaturen die Wasserdampfmenge im Bauteil genauso groß oder größer sein als die temperaturbedingte Sättigungswasserdampfmenge. Dann ist die Luft an dieser Stelle gesättigt und es fällt dort im Bauteil Tauwasser aus. Das Bauteil wird an dieser Stelle mit der Wassermenge durchfeuchtet, um welche die temperaturabhängige Sättigungswassermenge von der tatsächlichen Wasserdampfmenge überschritten wird.

Bei falsch geplanten Außenbauteilen wird der Taupunkt an der Wärmedämmung unterschritten. Dann kann die Wärmedämmung im Laufe der Zeit so stark infolge Tauwasserbildung durchnässen, dass nahezu alle Luft im Dämmstoff durch Wasser verdrängt wird, was zur Folge hat, dass die Wärmedämmung unwirksam wird. Auf diese Weise können auch Dämmstoffe, die Wasser in flüssiger Form kaum aufnehmen, völlig durchnässen, zum Beispiel Polystyrol.

Durch die fortschreitende Durchnässung des Bauteils im Winter nimmt sein U-Wert zu, so dass hier eine Wärmebrücke entsteht bzw., sofern eine konstruktive Wärmebrücke für die Durchnässung der Dämmung infolge Tauwasserbildung im Bauteil verantwortlich war, diese Wärmebrücke verstärkt wird.

Tauwasserausfall im Bauteil ist nur dann akzeptabel, wenn er in Bauteilschichten stattfindet, bei denen der Dämmwert des Bauteils nicht wesentlich vermindert wird, und wenn die Menge so gering ist, dass das ausgefallene Tauwasser im Sommer wieder vollständig austrocknet.

Die Wasserdampfdiffusion erfolgt sowohl von der Raumseite als auch von außen d. h. immer von Bereichen höheren Wasserdampfgehalts zum Bereich niedrigeren Wasserdampfgehalts. Sie führt zu einer linearen Wasserdampfverteilung im Bauteil.

Tauwasserbildung, z. B. in der Dämmung einer Außenwand, durchfeuchtet auch wasserabweisende Dämmung. Der Dämmwert sinkt infolge der Durchfeuchtung, das Bauteil kühlt aus, es kommt zu weiterem Tauwasserausfall aufgrund der niedrigeren Bauteiltemperatur.

3.4 Tauwasserfreiheit im Bauteilquerschnitt

Der materialabhängige **Dampfdiffusionswiderstand** ist die Ursache dafür, dass der Dampf durch verschiedene Baustoffe unterschiedlich schnell hindurchwandert, d. h. die Baustoffe sind unterschiedlich dampfdicht und haben damit unterschiedliche Dampfdiffusionswiderstände.

Am schnellsten kann Wasserdampf durch Luft hindurchwandern. Der Dampfdiffusionswiderstandsfaktor μ (mü), auch μ-Wert genannt, ist dimensionslos, d. h. er hat keine Einheit. Der μ-Wert eines Baustoffes gibt an, um wie viel langsamer als durch Luft der Wasserdampf durch ihn hindurch wandern kann, also um wie viel dampfdichter die Baustoffschicht im Vergleich zu einer gleich dicken Luftschicht ist. Dabei geht man davon aus, dass Luft den μ-Wert 1 hat. Baustoffe mit kleinem μ-Wert sind sehr dampfdurchlässig, Baustoffe mit großem μ-Wert sind dampfundurchlässig. Der absolute Dampfdiffusionswiderstand eines Baustoffes hängt neben dem μ-Wert des Baustoffes auch von dessen Schichtdicke ab.

Baustoff	Dampfdiffusionswiderstandsfaktor
Mineralfaserstoffe	1
Vollziegel	5 bis 10
Gasbeton	5 bis 10
Polystyrolschaum expandiert	20 bis 100
Vollklinker	50 bis 100
Normalbeton	70 bis 150
Polystyrolschaum extrudiert	80 bis 250
Bitumendachbahn	10 000 bis 80 000
PE-Folie	100 000
PIB-Kunststoff-Dachbahn	400 000 bis 1 750 000

Tabelle 6: Auszug aus DIN 4108 -4, Tabelle 1 mit μ-Werten verschiedener Baustoffe

Die **diffusionsäquivalente Luftschichtdicke** ist demnach der Wert für den absoluten Dampfdiffusionswiderstand einer Baustoffschicht und bezeichnet das Produkt aus dem μ-Wert und der Schichtdicke der betrachteten Baustoffschicht, sie wird als s_d-Wert bezeichnet, Einheit [m] und wird wie folgt berechnet:

diffusionsäquivalente Luftschichtdicke $s_d = \mu \times d$

Je größer der s_d-Wert, desto dampfdichter ist die Bauteilschicht.

Beispiel: Eine 20 cm dicke Betonwand mit einem μ-Wert von 150 ist rechnerisch genauso dampfdicht wie eine 150 x 0,20 m = 30 m dicke Luftschicht.

Für ein Bauteil mit n Schichten gilt für den s_d-Wert des gesamten Bauteils:

$$s_d = s_{d1} + s_{d2} + \ldots + s_{dn}$$

Beispiel: Bauteil, Außenwand mit zwei Schichten
Schicht 1:   20 cm Beton, $\mu_1 = 70$
Schicht 2:   10 cm Mineralfaser $\mu_2 = 1$

20 cm Beton: $s_{d1} = d_1 \times \mu_1 = 0{,}20\,m \times 70 = 14{,}0\,m$
2 cm Mineralfaser: $s_{d2} = d_2 \times \mu_2 = 0{,}10\,m \times 1 = 0{,}10\,m$
Bauteil gesamt: $s_d = s_{d1} + s_{d2} = 14\,m + 0{,}1\,m = 14{,}1\,m$

Baustoff	μ-Wert in [−]	Dicke d in cm	S_d-Wert = μ x d
Mineralfaserstoffe	1	12,00	0,12
Vollziegel	10	12,00	1,20
Gasbeton	10	20,00	2,00
Polystyrolschaum expandiert	100	10,00	10,00
Vollklinker	100	12,00	12,00
Normalbeton	150	25,00	37,50
Polystyrolschaum extrudiert	250	10,00	25,00
Bitumendachbahn	80 000	0,20	160,00
PE-Folie	100 000	0,02	20,00
PIB-Kunststoff-Dachbahn	1 750 000	0,02	350,00

Tabelle 7: Wasserdampfdiffusionswiderstand μ, Stoffdicke d, resultierende äquivalente Luft-schichtdicke s_d –Wert

Weil sehr dampfdichte Baustoffe mit sehr hohen μ-Werten in der Regel nur in sehr dünnen Schichten verwendet werden, ist der s_d-Wert der dünnen Schichten häufig nur ähnlich »groß« wie z. B. der von Baustoffen mit einem viel kleineren μ-Wert.

Die Wasserdampfmenge sinkt im Bauteil von der warmen Bauteilseite zur kalten Seite des Bauteils hin ab. Betrachtet man die Winterperioden, sinkt die Wasserdampfmenge im Bauteil von innen nach außen hin ab. Wie stark sie in einer Bauteilschicht abfällt, hängt von dessen s_d-Wert ab. Für ein Bauteil mit n-Schichten berechnet sich der s_d-Wert des gesamten Bauteils zu:

$$s_d = s_{d1} + s_{d2} + \ldots + s_{dn}$$

an der Schichtgrenze hinter der Schicht n berechnet sich die Wasserdampfmenge wie folgt:

$$g_n = g_i - (g_i - g_e) \times (s_{d1} + s_{d2} + \ldots + s_{dn})/s_d$$

Die Schichtgrenze hinter der letzten Bauteilschicht ist dann die Außenoberfläche, hier ist die Wasserdampfmenge dann so groß wie in der Außenluft:

$$g_n = g_i - (g_i - g_e) \times (s_{d1} + s_{d2} + \ldots + s_{dn})/s_d$$
$$= g_i - (g_i - g_e) \times s_d/s_d$$
$$= g_i - (g_i - g_e)$$
$$g_n = g_e$$

Für den **Nachweis der Tauwasserfreiheit** sind folgende Größen für das Bauteil zu berechnen:

- Temperatur auf den Bauteiloberflächen
- Temperatur an den Schichtgrenzen der verschiedenen Baustoffe
- Sättigungswasserdampfmenge an den Baustoffoberflächen
- Sättigungswasserdampfmenge an den Schichtgrenzen.

Der Nachweis der Tauwasserfreiheit über die gesamte Dicke des Bauteils ergibt sich aus dem Vergleich der berechneten tatsächlichen Wasserdampfmengen an den markanten Punkten Bauteiloberflächen und Schichtgrenzen zwischen den einzelnen Baustoffschichten. Er gilt als erbracht, solange die tatsächlichen Wasserdampfmengen an diesen Punkten kleiner sind als die Sättigungswasserdampfmengen für die an den markanten Punkten berechneten Temperaturen. Dann fällt kein Tauwasser im Bauteil oder an der Bauteiloberfläche aus.

Zur Prüfung der Tauwasserfreiheit eines Bauteils bei bekannten Baustoffen und Schichtdicken der einzelnen Baustoffschichten können für die Berechnung genormte klimatische Randbedingungen nach DIN 4108-3 Tabelle A1 zugrunde gelegt werden:

Raumlufttemperatur:	T_i	=	20 °C
Relative Raumluftfeuchte	$r.F_i$	=	50 %
Außenlufttemperatur	T_e	=	-10 °C
Relative Außenluftfeuchte	$r.F_e$	=	80 %

Tabelle 8: Klimarandbedingung DIN 4108-3 Tabelle A1 zur Berechnung der Tauwasserfreiheit

Bei der Berechnung der Tauwasserfreiheit eines Bauteils wird der Bauphysiker üblicherweise mit den Wasserdampfdrücken anstelle der Wasserdampfmenge rechnen. Für das Rechenverfahren macht das aber keinen Unterschied.

Die Tauwasserfreiheit wird wie folgt berechnet:

Beispiel: Bauteil Außenwand mit zwei Schichten
Schicht 1: 20 cm Beton, λ_1 = 2,1 W/mK, μ_1 = 70
Schicht 2: 10 cm Wärmedämmung, λ_2 = 0,04 W/mK, μ_2 = 1

Die Wasserdampfmenge in einer Bauteilschicht verhält sich wie der Wasserdampfdruck. D. h. beide nehmen von der warmen zur kalten Bauteiloberfläche hin im Bauteil linear ab. Wie stark die Wassermenge innerhalb einer Baustoffschicht abnimmt, hängt vom s_d-Wert des Bauteils ab.

Grundsätzlich sollte die Tauwasserfreiheit von einem Bauphysiker untersucht werden. Dieser kann neben der Berechnung der einfachen Tauwasserfreiheit auch eine zeitliche Komponente für die Berechnung der Tauwassermenge, ob gegebenenfalls anfallendes Tauwasser im Sommer wieder ausreichend austrocknet, berücksichtigen.

Temperaturen: T_i = 20 °C   Raumluft

Ts_i = 14,9 °C   raumseitige Bauteiloberfläche

T_g = 11,2 °C   Schichtgrenze Beton/Wärmedämmung

Ts_e = -8,4 °C   außenseitige Bauteiloberfläche

T_e = -10 °C   Außenluft

Die Wasserdampfsättigungsmenge kann über g_s = 2,1668 x p_s/T in [g/m³] berechnet werden, wobei die Temperatur in Kelvin [K] eingesetzt werden muss.

Temperatur T	Wasserdampf-sättigungsdruck P_s	Wasserdampf-sättigungsmenge g_s
20,0 °C	2340 Pa	17,3 g/m³
14,9 °C	1695 Pa	12,8 g/m³
11,2 °C	1330 Pa	10,1 g/m³
-8,4 °C	298 Pa	2,4 g/m³
-10,0 °C	260 Pa	2,1 g/m³

Tabelle 9: Sättigungswasserdampfmengen/-drücke, zu entnehmen aus DIN 4108-5 Tabelle 2

Wasserdampfmenge:

Die genormten Klimarandbedingungen gemäß DIN 4108-3 Tabelle A1:

Raumlufttemperatur: T_i = 20 °C

Relative Raumluftfeuchte: $r.F_i$ = 50 %

Außenlufttemperatur: T_e = -10 °C

Relative Außenluftfeuchte: $r.F_e$ = 80 %

Die Wasserdampfmenge in der Raumluft ergibt sich zu:

$$g_i = r.F_i \times g_{si}$$
$$= 0,50 \times 17,3 \text{ g/m}^3$$
$$= 8,65 \text{ g/m}^3$$

Es darf angenommen werden, dass auf der raumseitigen Wandoberfläche die Wasserdampfmenge genauso groß ist wie in der Raumluft.

$$g_{si} = g_i = 8,65 \text{ g/m}^3$$

Der s_d-Wert für die Schichten und das gesamte Bauteil berechnet sich dann zu:

$$s_{d1} = d_1 \times \mu_1 \quad = 0,20 \text{ m} \times 70 \quad = 14,0 \text{ m}$$
$$s_{d2} = d_2 \times \mu_2 \quad = 0,1 \text{ m} \times 1 \quad = 0,10 \text{ m}$$
$$s_d = s_{d1} + s_{d2} \quad = 14,0 \text{ m} + 0,1 \text{ m} = 14,1 \text{ m}$$

Die Wasserdampfmenge an der Schichtgrenze g_g in $[g/m^3]$ berechnet sich dann zu:

$$g_g = g_i - s_{d1}/s_d \times (g_i - g_a)$$
$$= 8{,}65 \text{ g/m}^3 - 14{,}0 \text{ m}/14{,}1 \text{ m} \times (8{,}65 \text{ g/m}^3 - 1{,}68 \text{ g/m}^3)$$
$$= 8{,}65 \text{ g/m}^3 - 0{,}99 \times 6{,}97 \text{ g/m}^3$$
$$g_g = 1{,}75 \text{ g/m}^3$$

Die Wasserdampfmenge an äußeren Bauteiloberfläche g_{se} in $[g/m^3]$ berechnet sich dann zu:

$$g_{se} = g_i - (s_{d1} + s_{d2})/s_d \times (g_i - g_e)$$
$$= 8{,}65 \text{ g/m}^3 - (14{,}0 \text{ m} + 0{,}1 \text{ m})/14{,}1 \text{ m} \times (8{,}65 \text{ g/m}^3 - 1{,}68 \text{ g/m}^3)$$
$$= 8{,}65 \text{ g/m}^3 - 1 \times 6{,}97 \text{ g/m}^3$$
$$g_{se} = 1{,}68 \text{ g/m}^3$$

Die Berechnung wird überprüft über die Voraussetzung, dass die Wasserdampfmenge an der äußeren Bauteiloberfläche genauso groß ist wie die der Außenluft:

$$g_e = r.F_e \times 2{,}1 \text{ g/m}^3$$
$$= 0{,}80 \times 2{,}1 \text{ g/m}^3$$
$$g_e = g_{se} = 1{,}68 \text{ g/m}^3$$

Der Vergleich der Wasserdampfmenge mit der Sättigungswasserdampfmenge zeigt, dass das Bauteil über den gesamten Bauteilquerschnitt tauwasserfrei ist

Ort	Temperatur T	Wasserdampf-menge g	Sättigungswas-serdampfmenge g_s	Erfüllt ja/nein
Raumluft	20,0 °C	8,65 g/m³	< 17,3 g/m³	✓
Innere Bauteil-oberfläche	14,9 °C	8,65 g/m³	< 12,8 g/m³	✓
Schichtgrenze	11,2 °C	2,31 g/m³	< 10,10 g/m³	✓
Äußere Bauteil-oberfläche	-8,4 °C	1,68 g/m³	< 2,4 g/m³	✓
Außenluft	-10,0 °C	1,68 g/m³	< 2,1 g/m³	✓

Tabelle 10: Nachweis der Tauwasserfreiheit über den Bauteilquerschnitt

Zur **Vermeidung von Tauwasser** an der inneren Bauteiloberfläche muss die Wärme-dämmung mindestens so dick sein, dass nirgendwo auf der inneren Bauteiloberfläche die Taupunkttemperatur unterschritten wird. Damit kein Tauwasser im Bauteil entsteht, darf auch nirgendwo im Bauteil die Taupunkttemperatur unterschritten werden.

Günstig sind daher Bauteile, bei denen die Wärmedämmung außen aufgebracht ist, damit die Bauteiltemperatur möglichst schnell nach innen ansteigt. Die Dampfdichtigkeit soll in der Regel von innen nach außen abnehmen. Ist dies zunächst nicht der Fall, muss im Allgemeinen auf der Raumseite der Wärmedämmung eine Dampfbremse aufgebracht werden. Eine Ausnahme hiervon bieten einige Innendämmungen mit hoher Kapillarität. Diese sind speziell dafür ausgelegt, dass Tauwasser in der Innendämmung bzw. auf der kalten Seite der Dämmung ohne nennenswerten Verlust der Dämmeigenschaften bei ungünstigen Klimaverhältnissen anfallen darf. Bei entsprechend günstigeren Klimabedingungen trocknet die gespeicherte Feuchtigkeit wieder in die Raumluft ab.

Aus bauphysikalischer Sicht kritische Außenbauteile bezüglich der Kondensatbildung sind zum Beispiel:

- massive Außenwände mit Innendämmung
- Fensteranschlüsse mit dampfdichter Außenfuge
- Metallfassaden mit dampfdichter Außenhaut
- Flachdächer mit konventioneller Wärmedämmung
- Metalldächer ohne Hinterlüftung.

Der **Temperaturfaktor** f_{Rsi} ≤ 0,70 wurde in DIN 4108-2 als Faustformel für den Tauwasserschutz eingeführt. Der Temperaturfaktor f_{Rsi} ist ein Kennwert dessen Berücksichtigung große Temperaturdifferenzen, die ein Schimmelrisiko darstellen, zu erkennen und zu vermeiden hilft. Er ist der Quotient zweier Temperaturdifferenzen, meist handelt es sich dabei um die innenseitige Oberflächentemperatur eines Bauteils zur Außenlufttemperatur geteilt durch die Differenz der Raumlufttemperatur zur Außenlufttemperatur. Ist für dieses Beispiel die Differenz der raumseitigen Bauteiloberflächentemperatur zur Außentemperatur größer als 70 % der Gesamttemperaturdifferenz von Raumtemperatur zur Außentemperatur, so besteht ein erhöhtes Risiko, dass Schimmel an der verhältnismäßig kalten raumseitigen Bauteiloberfläche entsteht. Als Formel ausgedrückt sieht das wie folgt aus:

$$f_{Rsi} \leq \frac{\theta_{si} - \theta_e}{\theta_i - \theta_e}$$

mit θ_{si} raumseitige Oberflächentemperatur
θ_i Raumtemperatur
θ_e Außentemperatur

Die Wärmedämmung sollte in der Regel auf der kalten Bauteilseite aufgebracht werden. Der Dampfdiffusionswiderstand der verwendeten Baustoffe sollte von der warmen zur kalten Bauteilseite abnehmen.

Kondensat kann im Bauteil zur strukturellen Zerstörung organischer Baustoffe wie Holz oder künstlich zusammengefügter Baustoffe wie Dämmung führen, d. h. auch im wieder getrockneten Baustoff ist ein bleibender Schaden entstanden. Kondensat vermindert den Dämmwert bei nicht speziell dafür geeigneten Dämmungen.

4   Wärmeschutz aktuell

4.1   Geschichte der EnEV

Die Energieeinsparverordnung (EnEV) steht in einer Tradition von Maßnahmen der Bundesregierung zur Einsparung von Energie, zum Beispiel mit dem Energieeinspargesetz – EnEG von 1976 und der Heizkostenverordnung von 1981 als Verordnung über die verbrauchsabhängige Abrechnung der Heiz- und Warmwasserkosten. Im Sinne des Klimaschutzes geht der EnEV die erste Wärmeschutzverordnung von 2001 voraus. Aus diesen Grundlagen resultierte bis dahin allerdings bei Nichteinhaltung lediglich ein Planungs- und/oder Bauausführungsmangel. Das bedeutet, Sanktionen gegen den Bauherren oder Eigentümer des Bauwerkes gab es bei Nichterfüllung nicht.

Erstmals mit der Einführung der Neufassung der Energieeinsparverordnung vom 02.12.2004 gab es einen Zwang für den Eigentümer einer Immobilie, Forderungen aus der Energieeinsparverordnung umzusetzen (erstmals Nachrüsten der Heizkessel, die vor dem 01.10.1978 eingebaut wurden).

Im Folgenden gab es dann die Neufassung des Energieeinspargesetzes von 2005 und aktuell von März 2009 und die Neufassung der Energieeinsparverordnung von 2007 und 2009 mit denen weitere Änderungen und Neuerungen eingeführt worden sind. Beiden folgt bei Nichterfüllung ein Verfahren aus dem Gesetz über Ordnungswidrigkeiten.

Seit Einführung der Energieeinsparverordnung kommt es immer wieder zu Missverständnissen in Bezug auf die Auslegung der Begrifflichkeiten und Forderung. Zudem sind einige Forderungen in der Umsetzungspraxis äußerst schwierig, da sie sich mit anderen Rechten überschneiden, zum Beispiel wenn für das Aufbringen eines Wärmedämmverbundsystems die Überbauung des Nachbargrundstücks notwendig würde sowie bei Schäden am Gemeinschaftseigentum einer Wohnungseigentümergemeinschaft.

Die Neuregelungen in der EnEV 2009 sollen daher neben der Verschärfung der Anforderungen für den Klimaschutz, mehr Rechtssicherheit für die Anwendung bieten sowie die bisher bekannt gewordenen begrifflichen Unklarheiten beseitigen.

Derzeitige Veränderungen auf Basis der EnEV 2007

Seit dem 1. Januar 2009 muss für die Neubauplanung von Wohn- und Nichtwohngebäuden berücksichtigt werden, dass ein Teil des Energiebedarfs für die spätere Nutzung aus erneuerbaren Energien abgedeckt werden muss oder es müssen so genannte Ersatzmaßnahmen berücksichtigt werden. Die erneuerbaren Energien sind beispielsweise solare Strahlungsenergie, Umweltwärme, Geothermie oder Biomasse. Um die Anforderungen aus dem EEWärmeG zu erfüllen gilt, dass beim Einsatz von solaren Gewinnen mindestens 15 %, bei Wärmepumpen oder der Nutzung von Biomasse mindestens 50 % des Wärmebedarfs durch die erneuerbare Energie gedeckt werden müssen.

Als Ersatzmaßnahme ist die Einsparung von Energie vorgesehen, dies bedeutet, die Werte für den Jahres-Primärenergiebedarf p_q und den Transmissionswärmeverlust H_T müssen den geforderten Wert aus der jeweils aktuellen EnEV für Neubauten um mindestens 15 % unterschreiten. Weiter gilt, unterschreiten Beide (p_q und H_T) den geforderten Neubauwert, aber min. einer um weniger als 15 % ist die Anforderung für den Deckungsanteil der erneuerbaren Energien entsprechend verringert (§ 8 EEWärmeG). Überschreitet mindestens einer der beiden Werte (p_q und H_T) die geforderten 15 % des Neubauwertes soll die Anforderung des Gesetzes völlig durch den Deckungsanteil der erneuerbaren Energie erfüllt werden. Bei Nutzung solarer Strahlungsenergie durch Solarkollektoren sind die Anforderungen des EEWärmeG für Wohngebäude auch schon erfüllt, wenn die Kollektorfläche eine Mindestfläche hat, die sich abhängig von der Nutzfläche und der Anzahl der Wohneinheiten ergibt.

Blick auf die EnEV 2009

Im Oktober 2009 ist eine überarbeitete Fassung der bisher geltenden Energieeinsparverordnung vom 24. Juli 2007 erschienen. Im Folgenden wird eine Auswahl an Neuerungen, welche den Autoren als besonders erwähnenswert erschienen, vor allem mit Blick auf die Bausubstanz, beschrieben. Änderungen bezüglich der Gebäudetechnik sowie wirtschaftliche und rechtliche Folgen bleiben in dieser Ausführung weitestgehend unberührt.

Als Grundlage dienen die:

- Energieeinsparverordnung in der Fassung vom 24. Juli 2007
- von der Bundesregierung am 18. Juni beschlossene Fassung der »Verordnung zur Änderung der Energieeinsparverordnung«
- Anlage 2 – Begründung – der Neuerungen der Energieeinsparverordnung
- konsolidierte Fassung der Begründung zu dem Gesetz zur Förderung Erneuerbarer Energien im Wärmebereich – (Erneuerbare-Energien-Wärmegesetz – EEWärmeG) vom 07. August 2008

Veröffentlichungen zu Gesetzesänderungen findet man auf den Internetseiten der entsprechend zuständigen Ministerien. Veröffentlichungen, welche die EnEV 2009 betreffen, sowie die Fassung der EnEV 2007 findet man auf der Seite des Bundesministeriums für Verkehr, Bau und Stadtentwicklung www.bmvbs.de weiter unter »Service, Mediathek / Publikationen, Publikationen, Gesetze und Verordnungen, Gesetze zum Thema Bauwesen«. Hier sind die Veröffentlichungen zurzeit rechts unten auf der Seite als pdf-Datei herunter zu laden.

Wichtigste Veränderungen im Überblick

- Einführung des Referenzgebäudeverfahrens auch für Wohngebäude. Damit entfällt das Hüllflächen-Volumenverhältnis A/V_e, die gesamte Betrachtung der Energiebilanz bezieht sich damit auf ein Referenzgebäude mit gleicher Geometrie, Gebäudenutzfläche und Ausrichtung wie das zu berechnende Wohngebäude (siehe auch § 3).

- Mit der Einführung des Referenzgebäudeverfahrens ändert sich auch die Bezugs-grundlage für den Transmissionswärmeverlust. Er bezieht sich in Zukunft auf die Lage des Gebäudes sowie unter Umständen auf die Größe des Gebäudes und der Gebäudenutzfläche. Aus dem Verfahren ergibt sich, dass die Anforderungen an Wohnungen deren Konstruktionsmerkmal freistehend und klein ist, schärfer sind als bei anderen Wohngebäuden (siehe auch § 3 Tabelle 11).
- Einführung eines neuen Bilanzierungsverfahrens für Wohngebäude auf der Grund-lage der DIN V 18599. Das bisherige Monatsbilanzverfahren gemäß DIN V 4108-6 und DIN 4701-10 kann alternativ weiter angewendet werden. Dabei ist zu beachten, dass das zu bilanzierende Wohngebäude und das Referenzgebäude nach dem gleichen Verfahren berechnet werden (siehe auch § 3).
- Wegfall des in der EnEV 2007 enthaltenen vereinfachten Verfahrens zur Berech-nung des Jahres-Heiz- und Primärenergiebedarfes. An diese Stelle treten jetzt die bereits erwähnten Bilanzierungsverfahren gemäß DIN V 18599 und gemäß DIN 4108-6 in Verbindung mit DIN V 4701-10.
- Verschärfung der Anforderungen bei Neubauten gegenüber der EnEV 2007, an den Primärenergiebedarf um ca. 30 % und an den Transmissionswärmeverlust um ca. 15 % (siehe auch § 3).
- Verschärfung der energetischen Anforderungen bei Altbauten, im Falle wesentli-cher Änderungen und Modernisierung, um 30 % gegenüber der EnEV 2007 (siehe auch § 9).
- Einführung und Nachprüfung von Nachweisverpflichtungen zur Einhaltung der Regelungen der EnEV 2009 (siehe auch § 26a).

4.2 Auflistung ausgewählter Änderungen der EnEV 2009 in Bezug auf die Gebäudesubstanz

(Es empfiehlt sich bem Lesen dieses Abschnittes eine aktuelle Ausgabe der EnEV in Reichweite zu haben, frei erhältlich auf der Homepage des Bundesministeriums für Verkehr, Bau und Stadtentwicklung, www.bmvbs.de)

§ 1 Anwendungsbereich

Durch den Austausch des Wortlautes »*für Anlagen und Einrichtungen ... in Gebäuden*« durch den Wortlaut »*... von Gebäuden*« in Abschnitt 1 Satz 2, sollen auch anlagen-technische Anforderungen, die nicht im betrachteten Gebäude selber sind, jedoch diesem dienen, einbezogen werden. Dies soll sicherstellen, dass auch außerhalb der thermischen Hülle aufgestellte Heizkessel und Rohrleitungsabschnitte mit der Vorschrift erfasst werden.

Die Änderungen im Absatz 2 (Ausnahmen) Satz 1 Nummer 5 und 6 sind eine Folge der Änderung in § 8 Anforderungen an kleine Gebäude, wo als Neuerung auch die Gebäude aus Raumzellen mit einbezogen werden. Die Änderung in § 1 Abs. 2 soll eine Befreiung von den Anforderungen der EnEV für Gebäude ermöglichen, die für die vorübergehende Unterbringung hergestellt und beheizt oder klimatisiert werden, sofern diese so kurze Betriebsdauer haben, dass energetische Anforderungen aus

Gründen mangelnder wirtschaftlicher Vertretbarkeit nicht richtig wären, wie es zum Beispiel bei Baustellenbüros vorkommen kann.

Bei einer Nutzungsdauer von länger als zwei Jahre und bis zu fünf Jahren ist es nach dem Wirtschaftlichkeitsgrundsatz des Energieeinsparungsgesetz (EnEG) ausreichend, wenn das Gebäude die Bauteilanforderung (siehe EnEV Anlage 3) erfüllt. Das bedeutet für kleine Gebäude und Gebäude aus Raumzellen gelten ansonsten die Anforderungen entsprechend § 8 Anforderungen an kleine Gebäude.

§ 2 Begriffsbestimmung

Hier wird unter Nummer 11a der Begriff elektrische Speicherheizsysteme neu aufgenommen. Demnach sind elektrische Speicherheizsysteme im Sinne der EnEV nach Auffassung der Autoren Heizsysteme, die vom Energielieferanten getrennt werden können, zum Beispiel auch eine elektrische Heizung, die mit Stecker über eine Steckdose mit Strom versorgt wird.

Der Begriff **Nutzfläche** soll zukünftig durch den Zusatz »**... die beheizt oder gekühlt wird**«, deutlicher von dem Begriff der **Wohnfläche** unterschieden werden. Bei der Wohnfläche können auch unbeheizte Flächen, wie Kellerräume oder Balkone angerechnet werden. Das heißt, hier ist zum Beispiel die Fläche gemeint, die auch als Grundlage für den Mietvertrag herangezogen wird.

§ 3 Anforderungen an Wohngebäude

Die für die Planungs-Praxis bedeutendste Änderung ist die Einführung des Referenzgebäudes zur Festlegung des maximalen Jahres-Primärenergiebedarfs für Wohngebäude. Der Wert konnte bisher aus einer Tabelle abgelesen oder anhand einer Formel berechnet werden. Zukünftig soll der Maßstab für den Neubau der zu berechnende Wert eines Referenzgebäudes sein, das dem geplanten Wohngebäude in seinen Eigenschaften (Geometrie, Gebäudenutzfläche, Ausrichtung) gleicht. Dabei versteht man unter dem Referenzgebäude die Festlegung der energetischen Qualität der Gebäudehülle und der verschiedenen Anlagenkomponenten für ein baugleiches Gebäude.

Im Zuge dieser Änderung des Berechnungsverfahrens für den Neubau von Wohngebäuden soll die Anforderungen an den Jahres-Primärenergiebedarf des Referenzgebäudes um 30 % und die Wärmedämmung energetisch relevanter Außenbauteile (Transmissionswärmeverlust bzw. Wärmedurchgangskoeffizient) um ca. 15 % verschärft werden. Die Verschärfung der Anforderungen soll bei Neubauten überwiegend durch die Gebäudehülle und die Anlagentechnik erbracht werden.

In Anlage 1 Tabelle 1 der EnEV sind die Höchstwerte für die jeweiligen Ausführungen des Referenzgebäudes festgelegt.

Höchstwerte des Referenzgebäudes

Zeile	Bauteil/System	Referenzausführung/Wert (Maßeinheit)	
		Eigenschaften (zu Zeile 1.1 bis 3)	
1.1	Außenwand, Geschossdecke gegen Außenluft	Wärmedurchgangskoeffizient	$U = 0{,}28\,W/(m^2K)$
1.2	Außenwand gegen Erdreich, Bodenplatte, Wände und Decken zu unbeheizten Räumen (außer solche nach Zeile 1.1)	Wärmedurchgangskoeffizient	$U = 0{,}35\,W/(m^2K)$
1.3	Dach, oberste Geschossdecke, Wände zu Abseiten	Wärmedurchgangskoeffizient	$U = 0{,}20\,W/(m^2K)$
1.4	Fenster, Fenstertüren	Wärmedurchgangskoeffizient	$U_W = 1{,}30\,W/(m^2K)$
		Gesamtenergiedurchlassgrad der Verglasung	$G_\perp = 0{,}60$
1.5	Dachflächenfenster	Wärmedurchgangskoeffizient	$U = 1{,}40\,W/(m^2K)$
		Gesamtenergiedurchlassgrad der Verglasung	$G_\perp = 0{,}60$
1.6	Lichtkuppeln	Wärmedurchgangskoeffizient	$U = 2{,}70\,W/(m^2K)$
		Gesamtenergiedurchlassgrad der Verglasung	$G_\perp = 0{,}64$
1.7	Außentüren	Wärmedurchgangskoeffizient	$U = 1{,}80\,W/(m^2K)$
2	Bauteile nach Zeile 1.1 bis 1.5	Wärmebrückenzuschlag	$\Delta U_{WB} = 0{,}05\,W/(m^2K)$
3	Luftdichtheit der Gebäudehülle	Bemessungswert n_{50}	Bei Berechnung nach DIN V 4108-6:2003-06: mit Dichtheitsprüfung DIN V 18599-2:2007-02 nach Kategorie I

| Zeile | Bauteil/System | Referenzausführung/Wert (Maßeinheit) |
		Eigenschaften (zu Zeile 1.1 bis 3)
4	Sonnenschutzvor-richtung	keine Sonnenschutzvorrichtung
5	Heizungsanlage	Wärmeerzeugung durch Brennwertkessel (verbessert), Heizöl EL »extra leicht(flüssig)« (Standardheizöl), Aufstellung: • für Gebäude bis zu 2 Wohneinheiten innerhalb der thermischen Hülle • für Gebäude mit mehr als 2 Wohneinheiten außerhalb der thermischen Hülle Auslegungstemperatur 55/45 °C, zentrales Verteilungssystem innerhalb der wärmeüber-tragenden Umfassungsfläche, innen liegende Stränge und Anbindeleitungen, Pumpen auf Be-darf ausgelegt (geregelt, Δp konstant), Rohrnetz hydraulisch abgeglichen, Wärmedämmung der Rohrleitungen nach Anlage 5 Wärmeübergabe mit freien statischen Heiz-flächen, Anordnung an normaler Außenwand, Thermostatventile mit Proportionalbereich 1 K
6	Anlagen zur Warm-wasserbereitung	– zentrale Warmwasserbereitung – gemeinsame Wärmebereitung mit Heizungs-anlage nach Zeile 5 – Solaranlage (Kombisystem mit Flachkollek-tor) entsprechend den Vorgaben nach DIN V 4701-10: 2003-08 oder DIN V 18599-5:2007-2 als • keine Solaranlage bei A_N größer gleich 500 m² (bivalenter Solarspeicher) • große Solaranlage A_N größer gleich 500 m² Verteilsystem innerhalb der wärmeübertragen-den Umfassungsfläche, innen liegende Stränge, gemeinsame Installationswand, Wärmedämmung der Rohrleitungen nach Anlage 5, mit Zirkulati-on, Pumpe auf Bedarf ausgelegt (geregelt, Δp konstant)
7	Kühlung	keine Kühlung

Zeile	Bauteil/System	Referenzausführung/Wert (Maßeinheit)	
		Eigenschaften (zu Zeile 1.1 bis 3)	
8	Lüftung	zentrale Abluftanlage, bedarfsgeführt mit geregeltem DC-Ventilator	

Tabelle 11: Tabelle 1 der EnEV

Der maximale Transmissionswärmeverlust der Referenzgebäude ist in Tabelle 2 Anlage 1 der EnEV angegeben.

Der Transmissionswärmeverlust H_T ist eine seit langem eingeführte Kenngröße, er ist ein Bestandteil des Berechnungsverfahren für Wohngebäude nach DIN V 4108-6 und wurde bisher in Abhängigkeit des Verhältnisses der Gebäudeumfassungsfläche zum beheizten Gebäudevolumen berechnet. Das Verfahren hat sich aber insofern nicht als geeignet gezeigt, da es nur unzureichend Anreiz zu kompakter Bauweise gegeben hat und unzureichend die baulichen Wirtschaftlichkeitsgrenzen in Abhängigkeit der Gebäudeart beschreibt. Das soll zukünftig über die Unterteilung in drei Gebäudetypen (siehe Anlage 1, Nr. 1.2. Tabelle 2), welche für freistehende Gebäude zusätzlich nach Nutzfläche unterschieden werden, praxisnäher gelöst werden. Damit entfällt die Anforderung an Fensterflächenanteile und deren Berechnungsvorschrift.

Zeile	Gebäudetyp		Höchstwert des spezifischen Transmissionswärmeverlusts
1	Freistehendes Wohngebäude	mit $A_N \leq 350\,m^2$	$H'_T = 0{,}40\,W/(m^2K)$
		mit $A_N > 350\,m^2$	$H'_T = 0{,}50\,W/(m^2K)$
2	einseitig angebautes Wohngebäude		$H'_T = 0{,}45\,W/(m^2K)$
3	alle anderen Wohngebäude		$H'_T = 0{,}65\,W/(m^2K)$
4	Erweiterungen und Ausbauten von Wohngebäuden gemäß § 9 Abs. 5		$H'_T = 0{,}65\,W/(m^2K)$

Tabelle 12: Anlage 1 der EnEV

Damit entfallen ebenfalls die bisherigen Tabellen für den Höchstwert des Jahres-Primärenergiebedarfs und des spezifischen Transmissionswärmeverlustes. § 3 Absatz 4 Anforderungen an Wohngebäude regelt wie bisher die Anforderungen an den sommerlichen Wärmeschutz.

§ 4 Anforderungen an Nichtwohngebäude

Für den in Absatz 1 bisher verwendeten Ausdruck » ... *mit der in Anlage 2 Tabelle 1 angegebenen technischen Ausführung*« soll das Wort **Referenzausführung** als begriffliche Präzisierung eingeführt werden.

In Absatz 2 wird die Anforderung an den Transmissionswärmetransferkoeffizienten (H_T) durch die Anforderung an den Wärmedurchgangskoeffizienten (U-Wert) ausgetauscht. Dabei soll die neue Anforderung besonders für den baulichen Wärmeschutz leichter verständlich sein. Das bedeutet für die Praxis, dass die dem Transmissionswärmetransferkoeffizient eigene Problematik der Abhängigkeit vom Fensterflächenanteil entfällt.

§ 5 Prüfung alternativer Energieversorgungssysteme
Hier soll der Anwendungsbereich der Vorschrift auf Gebäude mit einer Mindestnutzfläche von 50 m² erweitert werden. Das dient lediglich dem Abgleich im Wortlaut mit der Bagatellgrenze des § 4 *»Geltungsbereich der Nutzungspflicht«* des vom Deutschen Bundestag bereits beschlossenen Erneuerbaren-Energie-Wärmegesetzes.

§ 6 Dichtheit, Mindestluftwechselrate
Der Zusatz *»... Wird die Dichtigkeit nach den Sätzen 1 und 2 überprüft, kann der Nachweis Luftdichtigkeit bei der Berechnung nach § 3 Abs. 3 und § 4 Abs. 4 berücksichtigt werden, wenn die Anforderungen nach Anlage 4 Nr. 2 (Nachweis der Dichtheit des gesamten Gebäudes) eingehalten sind.«*, soll lediglich das Gewollte klarstellen, es ist aber keine inhaltliche Änderung damit verbunden.

§ 7 Mindestwärmeschutz, Wärmebrücken
Absatz 3 Satz 2 bekommt den Zusatz *»...Der Jahres-Primärenergiebedarf ist nach Maßgabe des jeweils angewendeten Berechnungsverfahrens zu berücksichtigen. Soweit dabei Gleichwertigkeitsnachweise zu führen wären, ist dies nach dieser Verordnung nicht erforderlich.«* Das soll dazu führen, dass bauliche Ausführungen mit kleineren (besseren) Wärmedurchgangskoeffizienten vereinfacht Zugang in die Praxis erhalten, da für solche Ausführungen der Gleichwertigkeitsnachweis, der aufgrund der technischen Regeln im Fall abweichender technischer Lösungen für Wärmebrücken zu führen wäre, entfallen darf.

§ 8 Anforderungen an kleine Gebäude
Die Änderung bezieht sich darauf, dass bisher der Geltungsanspruch der Verordnung für Gebäude aus Raumzellen nicht ausdrücklich geregelt war.

§ 9 Änderung *»Erweiterung und Ausbau«* von Gebäuden
Der Zusatz **Erweiterung und Ausbau** in der Überschrift zu § 9 soll die Eigenständigkeit der Regelung für Erweiterung und Ausbau in Absatz 5 und 6 im Verhältnis zum Absatz 1, 2 und 4, wo die baulichen Änderungen geregelt sind, verdeutlichen.

Absatz 1 und 3 sollen zusammen- und teilweise neu gefasst werden. Damit wird der neuen Einführung des Referenzgebäudeverfahrens und der damit verbundenen Verschärfung der energetischen Anforderung um durchschnittlich 30 % sowie dem Grundsatz der wirtschaftlichen Vertretbarkeit Rechnung getragen.

Um den Weg für die Anwendung der primärenergetischen Bewertung von Altbauten nicht unnötig zu erschweren, entfällt in Absatz 1 Satz 2 die Anforderung an den spezifischen, auf die wärmeübertragenden Umfassungsflächen bezogenen, Transmissionswärmeverlust. Stattdessen wird hier nur noch der Höchstwert für den Jahres-Primärenergiebedarf für geänderte Wohngebäude geregelt.

Die Änderung des § 9 Abs. 4 (Bagatellklausel) ist im Wesentlichen eine Folge daraus, dass es in der Baupraxis zu Unsicherheiten besonders in der Auslegung des Begriffes »Orientierung« kam. In der geänderten Fassung wird der Bezug nicht mehr auf einen bestimmten Fassadenteil vom Gebäude, zum Beispiel Nordseite, sondern auf die gesamte Fläche der Bauteilart als Bezugsgröße genommen. Durch die Halbierung des Bagatellprozentsatzes von 20 % auf 10 % ändert sich bei Reihenhäusern, wo sich die Bezugsfläche einfach verdoppelt hat, nichts. Bei Reihenendhäusern bzw. bei frei stehenden Häusern kann diese Neuerung allerdings eine Verschärfung der Bagatellklausel bedeuten.

Die Verschärfung der energetischen Anforderungen bei der Gebäudesanierung sind nicht ganz einheitlich. Demnach gilt für den Einbau von Innendämmung im Allgemeinen die Anforderung an den Wärmedurchgangskoeffizienten als erfüllt, wenn dieser den Wert 0,35 W/(m²k) nicht überschreitet.

§ 10 Nachrüsten bei Anlagen und Gebäuden

Der vorgeschlagene neu gefasste § 10 übernimmt im Wesentlichen die bisherige Nachrüstpflicht der Energieeinsparverordnung 2007. Grundlage hierfür ist der künftige § 4 Abs. 3 EnEG in der von der Bundesregierung am 18. Juni 2008 beschlossenen Fassung des Gesetzesentwurfs für ein Drittes Änderungsgesetz zum Energieeinsparungsgesetz.

Absatz 3 enthält zudem noch eine Verschärfung an den bisher geltenden Grundsatz, dass bestimmte oberste Geschossdecken gedämmt sein müssen. Lag die bisher geltende Anforderung noch bei 0,30 W/(m²K), ist die neue Anforderung auf 0,24 W/(m²K) gesenkt (verschärft) worden.

Zudem ist die Dämmpflicht künftig unter bestimmten Bedingungen auch auf begehbare Geschossdecken anzuwenden. Insoweit bedeutet dies eine Erweiterung der Dämmpflicht, die sich bisher ausschließlich auf nicht begehbare aber zugängliche Geschossdecken beschränkte. Gleichzeitig wird hier aber auch auf die Nutzbarkeit der Räume unter dem Aspekt der erhöhten Aufwendungen für die Wärmedämmung Rücksicht genommen, indem diese Pflicht voraussetzt, dass nicht aufgrund besonderer Umstände ein unangemessener Aufwand verursacht und sich dadurch erforderliche Aufwendungen innerhalb einer angemessenen Frist nicht amortisieren würden. Unter Berücksichtigung der Ausnahme dieser besonderen Umstände ist die Dämmpflicht der begehbaren obersten Geschossdecke bis zum 1. Januar 2012 zu erfüllen.

Der neue Satz 3 soll klarstellen, dass die Dämmpflicht der obersten Geschossdecke durch die qualitativ gleichwertige Dämmung des Daches ebenfalls erfüllt wird.

Abs. 4 regelt die Dämmpflicht für Ein- und Zweifamilienhäuser, bei denen am 1. Februar 2002 eine Wohnung vom Eigentümer genutzt wurde, und die zu einem späteren

Die Verschärfung der energetischen Anforderung bei der Gebäudesanierung sieht auch Ausnahmen vor, zum Bespiel im Falle der Innendämmung, auch im Falle des Ausmauerns in Sichtfachwerkbauweise, und wenn die Dämmschichtdicke im Rahmen der Maßnahme aus technischen Gründen begrenzt ist.

Zeitpunkt verkauft wurden. Im Sinne der Neuregelung gilt für die Neueigentümer die Dämmpflicht, die zum Zeitpunkt des Abschlusses des Kaufvertrages eingeführt war.

§ 10a Außerbetriebnahme von elektrischen Speicherheizsystemen

Der § 10a wird neu eingeführt und betrifft ausschließlich die technische Gebäudeausrüstung und wird im Folgenden deshalb nicht behandelt.

Die Paragraphen § 12 (Energetische Inspektion von Klimaanlagen), § 13 (Inbetriebnahme von Heizkesseln) und § 15 (Klimaanlagen und sonstige Anlagen der Raumlufttechnik) betreffen ausschließlich die technische Gebäudeausrüstung und werden daher in die Betrachtungen nicht mit einbezogen.

§ 16 Ausstellung und Verwendung von Energieausweisen

Ergänzungen im Wortlaut des § 16 sollen verdeutlichen, dass bei der energetischen Sanierung im Gebäudebestand ein Energieausweis nur dann erforderlich ist, wenn der Bauherr nicht nach dem Bauteilverfahren nach § 9 Abs. 1 Satz 1 vorgehen möchte, sondern als Alternative die Erfüllung der energetischen Anforderung gemäß § 9 Abs. 1 Satz 2 angestrebt wird.

Baudenkmäler sollen von der Pflicht des Energieausweises sowie von der Aushangpflicht ausgenommen werden.

§ 17 Grundsätze des Energieausweises

Es kommt neben der bisher bereits bestehenden Pflicht für den Aussteller des Energieausweises nun auch für den Eigentümer bei der Datenbereitstellung zu der Pflicht dafür Sorge zu tragen, dass die Daten den (An-)Forderungen, die sich aus der EnEV ergeben, entsprechen. Damit soll verhindert werden, dass vorsätzlich oder leichtfertig falsche Daten bei der Erstellung von Energieausweisen verwendet werden.

§ 18 Ausstellung aufgrund des Energiebedarfs

Die wesentliche Änderung in § 18 bezieht sich darauf, dass zukünftig für die Ausstellung von Energieausweisen, nicht nur wie bei der bisherigen Sonderregelung des § 18 Abs. 2 Satz 1 Halbsatz 2 für bestehende Wohngebäude, sondern zukünftig auch bei zu errichtenden Wohngebäuden, besondere Raumhöhen bei der Berechnung berücksichtigt werden müssen.

§ 19 Ausstellung auf der Grundlage des Energieverbrauchs

Aus der Änderung in § 2 Begriffsbestimmung resultiert, dass bei der Ausstellung des Energieausweises auch zukünftig für den Flächenbezug des Energieverbrauchskennwertes die in der EnEV mit **Wohnfläche** bezeichnete Grundfläche angewendet werden darf. Dabei handelt es sich um diejenige Fläche die für andere Zwecke, zum Beispiel den Mietvertrag, bereits ermittelt wurde, das bedeutet die Bezugsfläche für den Energieverbrauchskennwert darf auch Teile aus unbeheizten Flächen, wie zum Beispiel Keller und Balkon, beinhalten.

Die Änderung in § 19 mit dem Wortlaut »...*dabei sind mindestens die Abrechnungen aus einem zusammenhängenden Zeitraum von 36 Monaten zugrunde zu legen, der die jüngste vorliegende Abrechnungsperiode einschließt.«* dient der Klarstellung, dass es nicht auf einzelne zwölfmonatige Teilzeiträume als Berechnungsgrundlage ankommt, sondern auf den Energieverbrauch in einem Gesamtzeitraum von min. drei Jahren.

4.3 Auflistung ausgewählter voraussichtlicher Änderungen der EnEV 2009 in Bezug auf Vorschriften und Ordnungswidrigkeiten

§ 23 Regeln der Technik

Der Zusatz »*Bei Verweisungen in dieser Verordnung auf technische Regeln mit einem bestimmten Herausgabezeitpunkt ist bei Anwendung von undatierten technischen Regeln, auf die dort verwiesen wird, jeweils nur diejenige Fassung der undatierten technischen Regel anzuwenden, die zum Zeitpunkt der Herausgabe der in dieser Verordnung bezeichneten datierten technischen Regel bereits herausgegeben war*« zum bisherigen Wortlaut, dient der Klarstellung, wie mit zeitlich dynamische Weiterverweisen aus Vorschriften und Regelwerken umzugehen ist. In dem neuen Zusatz soll demnach klargestellt werden, dass die statischen Verweisungen dieser Verordnung auf zeitlich bestimmte Fassungen technischer Regeln für den gesamten Inhalt der in Bezug genommenen technischen Regel gilt, also auch für die Weiterverweisung auf andere technische Regeln ohne Festlegung eines bestimmten Herausgabedatums.

§ 26a Privat Nachweis

Dem Paragraphen § 26 (Verantwortliche), wird der Paragraph § 26a (Privat Nachweis), hinzugefügt. Der Paragraph führt eine so genannte Unternehmenserklärung für den Fall ein, dass heizungs-, lüftungs-, und klimatechnische Anlagen oder Warmwasseranlagen oder Teile davon ersetzt oder erstmalig neu eingebaut werden, sowie für die Änderung von Außenbauteilen und der Dämmung oberster Geschossdecken.

Das bedeutet, wer geschäftsmäßig an oder in bestehenden Gebäuden Arbeiten durchführt, hat dem Bauherrn oder dem Eigentümer unverzüglich nach Abschluss der Arbeiten schriftlich zu bestätigen, dass die von ihm geänderten oder eingebauten Bauoder Anlagenteile den Anforderungen der Energieeinsparverordnung entsprechen (Unternehmererklärung). Diese Unternehmererklärung ist dann von dem Bauherrn oder dem Eigentümer und seinen Nachfolgern min. fünf Jahre aufzubewahren.

Werden Arbeiten in diesem Sinne in Eigenleistung erbracht, hat der Eigentümer die Art und den Zeitpunkt des Abschlusses der durchgeführten Arbeiten anzugeben (Eigentümererklärung). Die nach Landesrecht zuständige Behörde kann die Vorlage einer solchen Erklärung verlangen.

5 Feuchtemessung im Bauwesen

Fallstricke, die im Rahmen der Messtechnik im Arbeitsalltag eines Architekten oder Bauingenieurs auftreten, können sehr vielschichtig sein. Häufig lassen sich die Aufgabenstellungen durch zwei grundlegend verschiedene Verfahren der Messtechnik lösen, die direkten und indirekten Messverfahren. Mit den direkten Messverfahren werden die Untersuchungsgrößen der jeweiligen Messaufgabe analytisch bestimmt, daher auch analytische Messverfahren genannt und sie werden als Grundlage zur Kalibrierung der indirekten physikalischen Messverfahren herangezogen.

Neben den Temperaturmessungen nehmen bei den bauphysikalischen Untersuchungen die Feuchtemessungen einen sehr großen Raum ein, was den Anlass dafür gibt, im Folgenden, stellvertretend für viele andere Untersuchungsgrößen, die Fallstricke der direkten und indirekten Messverfahren am Beispiel der Feuchtemessung darzustellen.

5.1 Direkte Messverfahren

Das direkte Messverfahren der Feuchtemessung basiert im Wesentlichen auf der DIN EN ISO 12570 (Bestimmung des Feuchtegehaltes durch Trocknen bei erhöhter Temperatur). Die Norm ist anwendbar auf poröse, wasserdurchlässige Baustoffe und legt das Referenzverfahren zur Bestimmung des Feuchtegehaltes an freiem Wasser in Baustoffen durch das Trocknen bei erhöhter Temperatur fest. Bei dieser Art der Feuchtemessung wird der Feuchtegehalt aus der Masse des Probekörpers vor und nach dem Trocknen des Baustoffes bei erhöhter Temperatur berechnet.

Der Anwendungsbereich des auch als gravimetrische Feuchtebestimmung bezeichneten Messverfahrens liegt in der Beschreibung eines feuchtetechnischen Zustandes von Baustoffen als Teil von mehreren Prüfungen zur Bestimmung des Feuchteverhaltens von Baustoffen. Im Vergleich des tatsächlichen Feuchtegehaltes eines Baustoffes mit einem kritischen Feuchtegehalt und über die Bestimmung der Feuchteverteilung im Bauteil kann es zur Schadensfeststellung herangezogen werden.

Für die direkte Messung des Feuchtegehaltes eines Baustoffes werden zunächst eine oder mehrere Proben aus dem gewählten Untersuchungsbereich entnommen. Dabei muss darauf geachtet werden, dass der Feuchtegehalt der Probe nicht nennenswert, zum Beispiel durch Reibungswärme oder durch Kühlmittel bei der Bohrkernentnahme, beeinflusst wird. Anschließend müssen die Proben bis zur Wägung dampfdicht verpackt werden, d.h. bei der Verpackung in einer Folie muss diese einen s_d-Wert von mindestens 1000 m haben. Hierfür eignen sich in der Regel Pe-Folien mit einer Dicke von min. 0,2 mm. Der Probekörper ist zur späteren Identifizierung sorgfältig zu markieren.

Bei der Wahl der Entnahmestellen zur Bestimmung der Feuchteverteilung in einem Bauteil ist zu beachten, dass diese repräsentativ für das Bauteil sind, d.h. bei der Entnahme der Proben sind zum Beispiel die Temperaturverteilung (Wärmebrücken) und die TGA Leitungsführung zu berücksichtigen. Bei Probenahmen kann es günstig sein, innerhalb einer Probeentnahmestelle in Schichten von ca. 5 cm Tiefe, Teilproben einzeln zu entnehmen und luftdicht zu verpacken.

Für die Größe der entnommenen Probe hat es sich als gut herausgestellt, die Größe der entnommenen Probe auf die Genauigkeit der Wägeeinrichtung abzustimmen. Bei einer Wägegenauigkeit von ± 0,1 g (= 0,2 g) der Waage und einer angestrebten Messunsicherheit von nicht mehr als 0,1 % ergibt sich für das Trockengewicht der Probe eine Masse von:

$$\frac{100\,\%}{0,1\,\%} \cdot 0,2\,g = 200\,g$$

Über die Rohdichte eines Baustoffes, beispielsweise ca. 1800 kg/m^3 für einen Beton lässt sich das Gewicht der Probe auf ein Volumen wie folgt umrechnen:

$$\frac{200\,g}{1000\,g/kg \cdot 1800\,kg/m^3} = 0{,}000111\ m^3 = 111{,}1\ cm^3$$

Dabei ist es notwendig, unter der Annahme, dass weitere Fehlerquellen nicht ganz ausgeschlossen werden können, eine Probe zu nehmen, die die oben berechnete Größe noch übersteigt. Eine geeignete Probe könnte dann folgende Abmessungen haben: 5 cm x 5 cm x 5 cm = 125 cm^3

Im Prüflabor wird die feuchte Probe gewogen, die so genannte Einwaage.

Bei der anschließenden Trocknung der Baustoffe ist besonders darauf zu achten, dass nur freies und kein chemisch gebundenes Wasser aus dem Baustoffe getrocknet wird. Dass bedeutet, unterschiedliche Baustoffe haben verschiedene maximale Trocknungstemperaturen, die gegebenenfalls im Einzelnen den Baustoffnormen zu entnehmen sind. Der Baustoff ist bis auf Massekonstanz zu trocknen. Die Massenkonstanz gilt in der Regel als erreicht, wenn die Masseänderung bei drei aufeinander folgenden Wägungen mit einem zeitlichen Abstand von jeweils min. 24 Stunden weniger als 0,1 % der Gesamtmasse beträgt. Bei sehr langsam trocknenden oder besonders dicken Probekörpern können verlängerte Messintervalle notwendig sein.

> Es ist wichtig, die Trocknungstemperatur sorgfältig zu wählen, um eine Beschädigung des Probekörpers, wie z. B. Austreiben von Kristallwasser, von Treibmitteln aus Schaumkunststoffen und Beschädigung der Verpackung, die ggf. mitgeprüft wird, zu begrenzen.

Im Folgenden ist eine Liste grundlegender Trocknungstemperaturen aufgeführt (ohne Anspruch auf Vollständigkeit):

Baustoff	Trocknungstemperatur in °C
Einige mineralische Baustoffe, z. B. Beton	105 ± 2
Baustoffe, bei denen zwischen 70 und 105 °C keine Strukturveränderung eintritt, z. B. einige Schaumkunststoffe	70 ± 2
Baustoffe, bei denen höhere Temperaturen Kristallwasser austreiben oder Zellgase beeinflussen können, z. B. Gips und einige Schaumkunststoffe	40 ± 2

Tabelle 13: Trocknungstemperaturen

Vor der Trockenwägung sind die Proben auf eine Temperatur von ca. 30 °C bis 40 °C abzukühlen. Die Wägung sollte aber vor der vollständigen Auskühlung geschehen, um eine erneute Feuchteaufnahme durch Absorption so gering wie möglich zu halten. Der **massebezogene Feuchtegehalt u** in [kg/kg] der Probe berechnet sich wie folgt:

$$u = \frac{m - m_0}{m_0}$$

Dabei ist m die Masse der durchfeuchteten Probe und m_0 die Masse der getrockneten Probe.

Der Feuchtegehalt als volumenbezogene Masse w in [kg/m³] einer Probe berechnet sich zu:

$$w = u \cdot \rho_0$$

Dabei ist ρ_0 in [kg/m³] die Trockenrohdichte der Probe, diese wird folgendermaßen berechnet:

$$\rho_0 = \frac{m_0}{V}$$

Für die Bestimmung Probenvolumens V in [m³] (Feststoff und Porenvolumen) ist es wichtig darauf zu achten, dass das Probenvolumen nicht durch Verschmutzungen oder Abrieb verfälscht wird sowie durch möglichst regelmäßige Kantenabmessungen leicht zu bestimmen ist. Die Messeinrichtung für das Probenvolumen sollte es ermöglichen, das Volumen auf 1 % genau zu bestimmen.

Der rein volumetrische Feuchtegehalt Ψ wird wie folgt berechnet:

$$\Psi = u \frac{\rho_0}{\rho_w}$$

Dabei ist ρ_w die Dichte des Wassers (ρ_w = 997,6 kg/m³ bei 23 °C)

Am Ende der Untersuchung mit dem direkten Messverfahren sollte ein Prüfbericht erstellt werden, welcher das gemessene Produkt und den Hersteller, Anfangsdatum und Dauer der Prüfung, Trocknungstemperatur und andere Faktoren, die das Ergebnis beeinflusst haben könnten dokumentiert. Als Ergebnis der Messung sollten alle Einzelwerte des Feuchtegehaltes für jeden Probekörper, sowie gegebenenfalls der gemittelte Verlauf des Feuchteprofils sowohl in flächiger Ausbreitung des Bauteils als auch über den Bauteilquerschnitt an den einzelnen Probenahmestellen, angegeben sein.

Das Feuchteprofil aus dieser Messung über den Bauteilquerschnitt wird zum Teil auch für die Ursachenfeststellung bei Feuchteschäden herangezogen. Dazu sollte erst die theoretische Feuchteverteilung betrachtet und dann mit dem praktisch gemessenen Feuchteprofil über den Bauteilquerschnitt verglichen werden. Dabei darf aber der Einfluss der unterschiedlichen Transporteigenschaften, das Feuchtespeichervermögen der verschiedenen Baustoffe und der dynamische Einflusses aus den wechselnden Außenklimata nicht vernachlässigt werden. Diese Auswertung ist kompliziert und sollte nur von einem Fachmann interpretiert werden.

Mit dem Ergebnis der Feuchteprofil-Untersuchung sollte eine Aussage darüber möglich sein, ob die im oder an der Oberfläche des Außenbauteils festgestellte Feuchtigkeit aus Kondensatbildung, aus einer Leckage in den wasserführenden Leitungen oder der Abdichtung herrührt. Um das festzustellen, gibt es aber zahlreiche andere Methoden, die so genannten indirekten Messmethoden zugerechnet werden und keine oder wenigstens nur eine geringe Zerstörung des Bauteils zur Folge haben.

Weitere Verfahren auf der Basis direkter Messungen sind:

- Wäge-Trocknungs-Verfahren mit Infrarot oder Mikrowellentrocknung. Bei diesen Verfahren kommt es darauf an, durch Vergleichsmessungen mit dem Referenzverfahren eventuelle systematische Abweichungen festzustellen, welche dann durch einen entsprechenden Korrekturfaktor Berücksichtigung finden müssen.
- Direkte Messung des Raumklimas mit der Betrachtung der vertikalen Luftschichtung im Raum sowie der Vergleich vom Klima in Raummitte zum jeweiligen Klima unmittelbar vor der fraglichen Wandoberfläche. Hier bietet, noch mehr als die Betrachtung der relativen Luftfeuchte, für den Fachmann die Betrachtung der Temperatur ein Bild über eventuelle Wärmebrücken und das Nutzerverhalten.

5.2   Indirekte Messverfahren

Wie der Name indirekte Messverfahren bereits impliziert, wird hier nicht der direkte Feuchtegehalt, sondern physikalische oder chemische Baustoffeigenschaften, wie etwa der elektrische Widerstand, die elektrische Kapazität oder die Absorption elektromagnetischer Wellen gemessen. Die gemessene Größe unterliegt dabei einem entsprechend großem Einfluss des Feuchtegehaltes vom Baustoff.

Bei der Interpretation der indirekten Messverfahren besteht das Hauptproblem bzw. die Hauptfehlerquelle in der mehr oder weniger genauen Kenntnis bzw. Bestimmbarkeit des Zusammenhangs der tatsächlich gemessenen Baustoffeigenschaft und dem freien Wassergehalt des Baustoffes. Einen Einfluss darauf hat je nach Messverfahren die chemische und physikalische Struktur des Baustoffes, Art des chemisch gebundenes Wasser, Salzgehalt und Verunreinigungen sowie sein geometrischer Aufbau, z. B. Korn- oder Faserstruktur und einige weitere Stoffeigenschaften, die die tatsächlich gemessene Baustoffkenngröße neben dem Feuchtegehalt beeinflussen.

Durch eine Vielzahl von Sekundäreinflüssen, die einen Messfehler hervorrufen können, muss die Wahl des indirekten Messverfahrens individuell auf die jeweilige Aufgabenstellung abgestimmt werden. Im Vordergrund steht bei der Wahl eines geeigneten Verfahrens die Reproduzierbarkeit des Messergebnisses sowie ein entsprechend der Aufgabenstellung angemessenes Preis-/Leistungsverhältnis. Für eine Einheitlichkeit und Reproduzierbarkeit der Messung ist es notwendig, die Prüfmethode mit den einzelnen Verfahrensschritten genau zu dokumentieren.

In der Baupraxis werden indirekte Messverfahren gerne für Baustellenuntersuchungen verwendet, da sie weitestgehend zerstörungsfrei oder nur mit geringen Zerstörungen durchgeführt werden können. Hinzu kommt, dass diese Messungen sehr schnell ein

Ergebnis liefern. Für viele Aufgabenstellungen reicht es außerdem, eine Vergleichsmessung durchzuführen, zum Beispiel, wenn lediglich festgestellt werden soll, ob die Feuchtigkeit von oben nach unten oder von unten nach oben zunimmt oder eine Leckage lokalisiert werden soll. Soll die Messung jedoch den absoluten Feuchtegehalt des Bauteils liefern, ist es notwendig, eine Kalibrierung der Messung auf den jeweiligen Baustoff durchzuführen. Das bedeutet, es muss durch den Vergleich der direkten Messung als Referenzverfahren zur indirekten Messung, eine Relation beispielsweise in der Art eines Additionsfaktors oder eines Proportionalitätsfaktors festgelegt werden.

Der Messfehler der Feuchtemessung bei einem indirekten Messverfahren setzt sich aus unterschiedlichen Quellen zusammen:

- Messfehler der primären Messgröße, wie zum Beispiel Leitfähigkeit, oder Dielektrizitätsgröße beim kapazitativen Messverfahren. Das ist der Fehler, der in der Regel auch als Messfehler in der Geräteanleitung steht. Allerdings darf er nie als alleiniger Gesamtfehler für die Feuchtemessung interpretiert werden.
- Systematischer Fehler der Kalibrierung, d.h. in der Umrechnung von gemessenen Skalenteilen der primären Messgröße über die Umrechnungskurve auf den tatsächlichen Feuchtegehalt. Dieser Fehler kann vernachlässigt werden, sofern die Messergebnisse als Vergleichsmessung interpretiert werden.
- Eine messgutbedingte Streuung der Ergebnisse durch chemische und physikalische Fremdeinflüsse auf die primäre Messgröße. Die Fehlerquellen bzw. Störeinflüsse unterscheiden sich je nach gewähltem Messverfahren.
- Fehlerhafte Handhabung des Messgerätes, z.B. kapazitative Messung ohne Mindestabstand zu angrenzenden Wänden und Decken
- Fehler bei der Probenentnahme, zum Beispiel kein repräsentativer Messumfang oder Verfälschen des Feuchtegehaltes durch Reibungswärme bei Bohrungen
- Fehlerhafte Vorbereitung der Prüfstelle, zum Beispiel wenn bei durch Reibungswärme getrockneten Bohrlöchern vor der Messung nicht bis zum erneuten Erreichen der Ausgleichsfeuchte gewartet wird.

Hier einige Beispiele für indirekte physikalische Messverfahren zur Bestimmung des Feuchtegehaltes von Baustoffen sind:

Ohmsche Feuchtemessung basiert auf der überwiegend schlechten Leitfähigkeit von porösen mineralischen Baustoffen und auch von Holz. Die Leitfähigkeit der Baustoffe nimmt proportional zum Feuchtegehalt des Baustoffes zu und kann deshalb mit der entsprechenden Kalibrierkurve auch für die Bestimmung des absoluten Feuchtegehaltes herangezogen werden. Es ist jedoch zu beachten, dass auch andere Ursachen für die Steigerung der Leitfähigkeit eines Baustoffes in Betracht kommen können, wie zum Beispiel ein erhöhter Salzgehalt im Baustoff.

Kapazitative und Mikrowellensysteme basieren auf der Messung der Dielektrizität des untersuchten Baustoffes, arbeiten jedoch in unterschiedlichen Frequenzbereichen, was den Einsatzbereich der Messungen unterscheidet. Die Dielektrizitätskons-

Für verschiedene Messverfahren wie zum Beispiel der Holzfeuchte Bestimmung mittels Leitfähigkeit sind bereits so genannte Umrechnungskurven bestimmt, die es ermöglichen, aus den gemessenen Skalenteilen auf den tatsächlichen Feuchtegehalt umzurechnen. Die Umrechnungskurven werden, soweit vorhanden, i.d.R. vom Hersteller der Messgeräte im Handbuch aufgeführt.

tante von Wasser ist deutlich höher als die üblicher Baustoffe, daher bewirkt eine Durchfeuchtung eine signifikante Erhöhung der gemessenen Skalenteile. Die Eindringtiefe sowie der Messfehler für die Messung sind je nach Messfrequenz unterschiedlich stark baustoffabhängig und abhängig vom Durchfeuchtungsgrad des Baustoffes. Eine weitere Fehlerquelle kann eine zu grobe Oberflächenstrukturierung sein.

Time Domain Reflectometry (TDR), auch hier ist die direkt bestimmte Messgröße die Dielektrizitätskonstante. Bei dieser Messung wird die Reflektion eines Spannungsimpulses auf einer Leitung (Antenne) bekannter Länge im Messgut gemessen. In einer leicht abgewandelten Messtechnik speziell für Untersuchungen an porösen Feststoffen wird lediglich die Laufzeit eines Spannungsimpulses gemessen. Eine Zunahme des Wassergehaltes führt dabei zu einer linearen Zunahme der gemessenen Skalenwerte bzw. Reflexionsgeschwindigkeiten. Weitere Störeinflüsse können materialabhängig durch Temperatureinflüsse auftreten, wohingegen der Salzgehalt, insbesondere wenn die Sondenstäbe mit einem Material niedriger Dielektrizitätszahl z. B. PVC – beschichtet sind, eine vernachlässigbare Rolle spielt. Der Nachteil dieser Messung ist die aufwendige und schwierige Erstellung der Bohrlöcher für die Sonden.

Das Reflektionsbild kann vom Fachmann interpretiert werden und so eine entlang der Messstrecke räumlich aufgelöste Information über den Feuchtegehalt im Baustoff geben.

Time Domain Reflectometry kann mit Zeitbereichsreflektometrie übersetzt werden. Üblicherweise wird hier aber immer das aus dem Englischen stammende Kürzel TDR-Messung verwendet.

6 Irrtümer der Bauteilsimulation

Verschiedene Simulationsprogramme bzw. die Entwicklung schneller Rechner und großer Speicherkapazität ermöglichen es, komplexe (bau-)physikalische- und (bau-)chemische Zusammenhänge in großen Rechnungen miteinander zu verknüpfen und in einfach erscheinenden Grafiken darzustellen. Das ist eine grundsätzlich positive Entwicklung, da es auch dazu führt, dass z. B. Einflussgrößen der Transportvorgänge auf wärme- und feuchtetechnische Stoffeigenschaften nicht mehr nur in Pauschalwerte zusammengefasst, und diese somit nur abgeschätzt werden können, sondern als einzelne Einflussgrößen ihrer Wirkung und ihrer absoluten Größe nach in die (Sanierungs-) Planung bzw. in die Ursachenforschung (bei Bauschäden) einbezogen werden können.

Kommt es bei der Nutzung von EDV-Programmen doch einmal zu Funktionsstörungen, ist häufig die Frage, wer dafür verantwortlich gemacht werden kann. Folgende kleine Auflistung soll helfen durch die Einstufung der Funktionsstörungen in eine der folgenden Kategorien die eigenen Ansprüche besser einschätzen zu können:

- gravierende Fehler und Funktionslücken, vertragliche Nutzung nicht möglich, ohne erkennbare Chance der Nachbesserung, Rücknahme des Programms durch den Hersteller gegen volle Kostenerstattung ggf. mit weiteren Aufwendungsentschädigungen
- schwerwiegender Fehler und Funktionslücken, Einsatz möglich, aber (auf Dauer) nicht zumutbar, nicht Stand der Technik; Fehler kann mit Mehraufwand umgangen werden; Nachbesserungen durch den Hersteller oder Rücknahme des Programms gegen volle Kostenerstattung ggf. mit weiteren Aufwendungsentschädigungen
- leichte Funktionseinschränkung oder Abweichung im vereinbarten Komfort; Nachbesserung durch den Hersteller oder Minderwert
- Abweichung in der Einstellung, Druckbilder, Masken, keine Einschränkung der wesentlichen Funktionen; reine Nutzer-Angelegenheit.

Die Qualität eines Simulationsprogramms bzw. des resultierenden Ergebnisses kann grob in zwei Bereiche unterteilt werden:

- vom Hersteller in der Regel vordefinierte naturwissenschaftliche und numerische Grundlagen
- vom Anwender zu recherchierende Material- und Konstruktionsrandbedingungen.

Beides ist entscheidend für den Erfolg der Simulation bzw. der Planung, woran auch letztlich die Fachkompetenz des Planers gemessen wird.

> Hygrothermische Simulationsprogramme tragen dazu bei, dass Ursachen und Wirkung bei der energetischen Gebäudesanierung differenzierter betrachtet werden können.

6.1 Naturwissenschaftliche und numerische Grundlagen

Auf die naturwissenschaftlichen und numerischen Grundlagen von (Simulations-) Programmen hat der Anwender in der Regel nur wenig bis gar keinen Einfluss. Ein daraus entstehender Einfluss ist für den Anwender auch nur schwer feststellbar und daraus resultierende Fehler, soweit sie nicht eindeutig und für jedermann sichtbar sind, werden nicht dem Programmanwender, sondern dem Programmhersteller angelastet. Ausnahme bilden hier Programme, bei denen Grundlagen verschiedener Berechnungsansätze einstellbar sind, hierbei handelt es sich aber um Profiwerkzeug für Bauphysiker. Aus diesem Grund soll im Folgenden, zur Verdeutlichung des Einflusses aus Programmierung und naturwissenschaftlicher Grundlage auf das Simulationsergebnis, auch nur in Form kleinerer Beispiele darauf eingegangen werden:

- Um das langfristige Verhalten von Baukonstruktionen beurteilen zu können, reichen auf einen Zeitpunkt begrenzte Betrachtungen nicht aus. Beispielsweise müssen für die Beurteilung von austrocknender Baufeuchte oder Kondensatfeuchte im Bauteil, die unter Umständen im Sommer nur teilweise austrocknet, in der Regel mehrere Jahreszyklen betrachtet werden. Hier reicht es auch nicht mehr aus, die Simulation alleine unter Berücksichtigung der Wärmebilanz durchzuführen, sondern es muss die Feuchtebilanz hinzukommen. Mit der Feuchtebilanz können zum Beispiel Einflüsse aus Schlagregen und Kondensatbildung berücksichtigt und ein daraus resultierender Einfluss auf die Dämmwirkung, wie sie bei vielen Baustoffen gegeben ist, berücksichtigt werden. Zudem führt eine Durchfeuchtung bei verschiedenen Baustoffen mitunter zu erheblichen Beeinträchtigungen der Dämmeigenschaft derselben.
- Durch die zugrunde liegende Transport- und Stoffübergangstheorie im Baustoff und an der Bauteiloberfläche wird der zeitliche Verlauf der Feuchtebilanz unabhängig von baustoffspezifischen Eigenschaften beeinflusst, was zum Beispiel Auswirkungen auf die Dauer der an einer Bauteiloberfläche anstehenden Feuchte in flüssiger Form und damit auf die Wahrscheinlichkeit des Auftretens von Schimmel hat.
- Der mathematische Lösungsalgorithmus, d. h. die Form, in der die zugrunde liegenden Bilanzgleichungen gelöst werden und wie die Übergangsbedingungen und Abbruchbedingungen zwischen den Bilanzgleichungen angesetzt sind ist ebenfalls maßgeblich. Sofern hier nicht grundlegende Fehler gemacht wurden hat die Veränderung eines Programms in diesem strukturellen Bereich überwiegend Einfluss auf die Rechengeschwindigkeit und die »Stabilität« des Programms gegenüber Fehleingaben bzw. ungewöhnlichen Randbedingungen.
- Die Art und die Anzahl der Elemente, in die das Simulationsobjekt für die numerische Berechnung unterteilt (diskretisiert) wird, haben sowohl Einfluss auf das Ergebnis der Simulation wie auch auf die Rechengeschwindigkeit. Da die Diskretisierung des Simulationsobjektes aber, zumindest in der Anzahl bzw. der max. und min. Größe der Diskretisierungselemente, bei einigen Programmen als Eingabegröße vom Anwender bestimmt werden kann, soll das Problem hier noch an einer kurzen grafischen Darstellung des Einflusses verdeutlicht werden.

Beispiel: Die bauliche Situation stellt eine Außenwand im Bereich Erdgeschoss/Keller mit einer einbindenden Kellerdecke aus Beton dar. Im Erdgeschoss ist ein Estrich auf Dämmlage mit Randdämmstreifen aufgebracht. Als Außenwand ist ein 24 cm dickes Ziegelmauerwerk mit einem Zementputz außenseitig und einem Kalkzementputz innenseitig dargestellt. Die Temperaturrandbedingungen werden konstant mit 18 °C im Keller, 20 °C im Erdgeschoss und -5 °C außenseitig angenommen. Als Variable wird lediglich die Anzahl der Diskretisierungselemente verändert, wobei darauf geachtet wurde, dass in den Übergangsbereichen der Baustoffe verhältnismäßig immer eine größere Anzahl an Elementen vorliegt (höhere Auflösung) als in der Fläche.

Diskretisierung:

ca. 1000 Elemente   ca. 5000 Elemente   ca. 16 000 Elemente

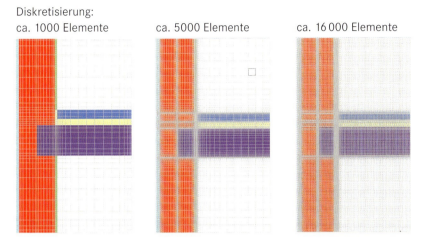

Abbildung 6.1 bis 6.3: Erhöhung der Berechnungselemente (Diskretisierung)

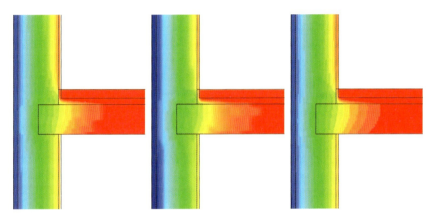

Abbildung 6.4 bis 6.6: Temperaturunterschiede in Abhängigkeit der Anzahl der Berechnungselemente (Diskretisierung)

Während man im obigen Vergleich der Temperaturfelder bei verschieden hoher Auflösung der Diskretisierung lediglich einen optischen Unterschied in der Feinheit der Randauflösung des Temperaturfeldes sieht, zeigt das im Folgenden gezielte Betrachten eines Punktes an der Bauteiloberfläche deutliche Temperaturabweichungen in Abhängigkeit der Diskretisierung. Bei dem gleichen Bauteilausschnitt wurde für die drei unterschiedlichen Berechnungsauflösungen der Temperaturverlauf für einen Ausschnitt an der raumseitigen Wandoberfläche im Erdgeschoss unmittelbar über der Erdgeschossdecke, für eine Zeitspanne von 5 Tagen betrachtet. Die Ausgangstemperatur im Bauteilquerschnitt wurde mit -5 °C angenommen, das Temperaturmaximum deutet in der Anfangsphase noch auf einen höheren Temperatureinfluss der Raumtemperatur von 20 °C hin, bis sich nach ca. 2,5 Tagen eine Ausgleichstemperatur aus Außenklima, Raumklima EG und Raumklima KG einstellt.

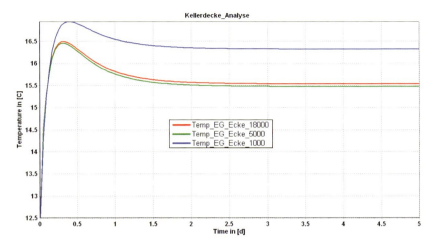

Abbildung 6.7: Einfluss der Diskretisierung auf die berechnete raumseitige Oberflächentemperatur oberhalb der einbindenden Kellerdecke

Die Grafik zeigt, dass bei niedriger Diskretisierung eine um 0,5 °C und für das Endergebnis sogar um 0,8 °C höhere Oberflächentemperatur berechnet wurde. Es ist aber auch zu sehen, dass es eine mittlere Elementanzahl gibt, bei deren Überschreitung sich das Ergebnis nur noch geringfügig ändert. Im vorliegenden Beispiel ist ein verhältnismäßig großer Temperatursprung zwischen der Elementzahl von 1000 Elementen zu 5000 Elementen sichtbar, hingegen folgt aus der Verdreifachung auf über 15000 Elemente keine großartige Temperaturveränderung gegenüber 5000 Elementen mehr. Das zeigt, dass die Qualität eines Programms auch von der »Anzahl« der Diskretisierung abhängt, was allerdings unter Umständen auch mal zu Lasten einer längeren Berechnungszeitdauer geht. Für die Berechnungsgenauigkeit ist die Anzahl der Diskretisierungselemente entscheidend. Diese Anzahl der notwendigen Diskretisierungselemente ist in erster Linie von der Anzahl der Materialübergänge und dem Umfang der geometrischen Details des darzustellenden Bauelementes abhängig. Zur Optimierung kann die gewünschte Berechnungsgenauigkeit gegen die Rechenzeit abgewogen werden.

> Bei numerischen Simulationen gibt es eine optimale mittlere Diskretisierung (Anzahl der Berechnungselemente) die für die gewünschte Berechnungsgenauigkeit die Mindestrechenzeit ausmacht.

6.2 Material- und Konstruktionsrandbedingungen

Ein weiteres kritisches Augenmerk ist auf die Randbedingungen bzw. Eingabeparameter und dem daraus resultierenden Einfluss auf das Simulationsergebnis zu richten. Dazu muss man berücksichtigen, dass je genauer die tatsächliche Erwärmung/Abkühlung und Durchfeuchtung eines Bauteils simuliert bzw. nachgerechnet werden soll, umso genauer müssen diese Größen bekannt sein bzw. als Eingabegrößen tatsächlich zur Verfügung stehen. Dabei führen genauere Ergebnisse, wie auch schon bei der Wahl der Diskretisierungsschritte, häufig zu einer erheblich längeren Rechenzeit. Daher sollte immer vorher überlegt werden, ob es sich bei der Rechnung um eine tatsächliche Prognose handelt oder nur um eine grobe Abschätzung, zum Beispiel, um etwas grafisch zu verdeutlichen. Für die Wahl der Randbedingungen können folgende Themengebiete/Aufgabenstellungen unterschieden werden:

- Schadensanalyse: Hier geht es meist um eine Verdeutlichung bestimmter Effekte. Aufgrund der Komplexität der meisten Bauschäden kann eine genaue Simulation der gesamten Schadensursache nicht durchgeführt werden, was aber auch in den meisten Fällen nicht erforderlich ist.
- Neubau-/Sanierungsplanung: Aufgrund von Richtlinien und Grenzwerten, in denen in der Regel ein Sicherheitszuschlag enthalten ist, kann die Berechnung und grafische Darstellung einer Simulation Aufschluss über Bereiche geben, an denen der Wärme- und Tauwasserschutz kritische Grenzen erreicht. Beispielhaft seien hier Wärmebrücken für den winterlichen Tauwasserschutz und die Überhitzung von Eckräumen beim sommerlichen Wärmeschutz genannt.
- Baustoffentwicklung/Forschung: Hier sind sehr genaue Randbedingungen gefragt. Diese sind aber zumindest für die Laborbedingung sowohl für den Baustoff als auch für die Klimadaten recht genau bekannt. Schwieriger wird es dann erst, wenn der Baustoff unter den so genannten natürlichen Randbedingungen »getestet« werden soll.

6.3   Klimarandbedingungen

Klimarandbedingungen unterscheiden sich vor allem durch die zeitliche und räumliche Genauigkeit, mit der die tatsächlichen Umweltbedingungen abgebildet werden.

1. Eine sehr einfache und damit wenig wirklichkeitsgetreue Annahme sind zum Beispiel die vereinfachten Klimabedingungen gemäß DIN 4108-3 wie sie im Folgenden ausschnittsweise wiedergegeben sind:

Zeile	Klima	Temperatur °C	Relative Luftfeuchte %	Dauer Tage
1	Tauperiode			
1.1	Außenklima	-10	80	60
1.2	Innenklima	20	50	60
2	Verdunstungsperiode			
2.1	Wandbauteile und Decken unter nicht ausgebauten Dachräumen			
2.1.1	Außenklima	12	70	90
2.1.2	Innenklima	12	70	90
2.1.3	Klima im Tauwasserbereich	12	100	90

Tabelle 14: Ausschnitt aus der Tabelle A.1 DIN 4108-3

Weitere Klimarandbedingungen, die ihrer Art nach tatsächliche Klimaverhältnisse genauer abbilden, sind:

2. Die Annahme eines sinusförmigen Temperaturverlaufes für das Außenklima oder auch für das Außen- und Innenklima (Winter, Heizung mit Nachtabsenkung) spiegelt den Verlauf der Temperatur und dadurch bedingt auch der relativen Luftfeuchtigkeit schon deutlich genauer wieder.
3. Noch wirklichkeitsgetreuer kann die Simulation unter der Annahme tatsächlich gemessener Temperatur- und Luftfeuchtewerte, zum Beispiel eines Testreferenzjahres (TRY, zu beziehen vom deutschen Wetterdienst DWD) für die äußeren Klimarandbedingungen sein.
4. Äußere Klimarandbedingungen unter Berücksichtigung der Ausrichtung des untersuchten Bauteils nach seiner Himmelsrichtung und Einfluss von Wind, Schlagregen und Sonneneinstrahlung »verfeinern« die Simulation.

Im Folgenden ist als grafische Verdeutlichung ein Vergleich des Temperaturverlaufes eines Referenzjahres aus Essen (NRW) auf der raumseitigen Wandoberfläche einer Ziegelwand

mit Klimarandbedingungen aus 3.) und

mit Klimarandbedingungen aus 3.) und Witterungsrandbedingungen aus 4.)

dargestellt (Wandaufbau der Ziegelwand siehe Abbildung zum Thema Stoffrandbedingungen). Die Grafik bildet den Temperaturverlauf über 1 Jahr für die Temperatur der raumseitigen Wandoberfläche ab, wobei der Startzeitpunkt am 1. Juni gewählt wurde.

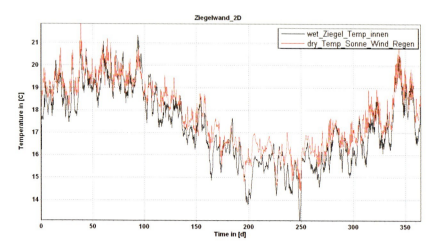

Abbildung 6.8: Temperatur der raumseitigen Wandoberfläche für einem Jahr, Startzeitpunkt ist der 1. Juni

Die Grafik zeigt, dass sich gerade im Winter die jeweiligen Temperaturen an der raumseitigen Wandoberfläche ohne Wärmebrückeneinfluss aber durch Berücksichtigung des Niederschlags um bis zu 1,5 °C unterscheiden können. Bei einem funktionierenden Wandaufbau ist der Trocknungs-Einfluss durch die Berücksichtigung der Sonneneinstrahlung für reales Klima allerdings so groß, dass dies sogar zu einer Verbesserung der Wärmebilanz führt, bei einem Wandaufbau mit geschädigtem Witterungsschutz kann die Berechnung aber auch zeigen, dass die Trocknung durch Sonneneinstrahlung nicht ausreicht, der Wandquerschnitt fortschreitend durchfeuchtet und sich somit die Wärmebilanz entsprechend verschlechtert.

Die Wahl sehr wirklichkeitsgetreuer Klimadaten als Randbedingung für die Simulation, kann ein sehr realistisches Bild der Feuchte- und Temperaturverteilung im Bauteil geben. Durch Weglassen einzelner Parameter kann die Berechung aber auch auf »der sicheren Seite« durchführt werden, was bei der Planung von besonderem Interesse sein sollte.

Andersherum kann die falsche Wahl bzw. Vernachlässigung von Klimadaten auch schnell mal zu einer zu positiven Darstellung der bauphysikalischen Verhältnisse führen, was hier zu besonderer Vorsicht gebietet. Grundsätzlich müssen die Berechnungsgrößen immer auch für die durch die Normen vorgegebenen Randbedingungen erfüllt werden und dürfen nur in speziell durch die Normen berücksichtigten Ausnahmefällen für höher aufgelöste Klimadaten ersetzt werden.

> Mit der Wahl der Klimadaten als Randbedingung für eine Simulation wird direkt Einfluss genommen, ob das Ergebnis auf der sicheren Seite (gut für die Planung) oder der spekulativen Seite (geeignet für eigene Einflussstudien) sein wird.

6.4 Stoffrandbedingungen

Gleiches gilt für die Rand- bzw. Eingabebedingungen, die sich aus den Baustoffeigenschaften ableiten. Besonderes Augenmerk ist für bauphysikalische Berechnungen dabei auf folgende Parameter zu legen:

* Porosität
* Wärmeleitfähigkeit
* Wasserdampf-Diffusionwiderstandszahl
* Wärmekapazität.

Die **Porosität** hat insbesondere Einfluss auf die Wärmedämm- und Wärmespeichereigenschaften eines Baustoffes. Da beide, die Wärmedämmeigenschaft ausgedrückt durch die Wärmeleitfähigkeit λ in $\left[\dfrac{W}{mK}\right]$ und die Wärmespeicherfähigkeit ausgedrückt durch die Wärmekapazität c in $\left[\dfrac{kJ}{kgK}\right]$, üblicherweise als konstante Größe angegeben werden, bleibt die Porosität eines Baustoffes zumeist unberücksichtigt.

Die **Wärmeleitfähigkeit** ist nicht, wie so häufig angenommen, eine unveränderliche Stoffkonstante. Sie hängt vielmehr je nach Baustoff unterschiedlich stark vom Feuchtegehalt des Baustoffes sowie von der Temperaturdifferenz, welche auf den Baustoff einwirkt (z. B. Außen- und Innenluft), ab. Letzteres hat allerdings nur einen geringen Einfluss und ist daher für die Praxis (im Gegensatz zur wissenschaftlichen

Untersuchung, zum Beispiel für Baustoffneuentwicklungen, zu vernachlässigen. Der Einfluss des Feuchtegehaltes auf die Wärmeleitfähigkeit eines Baustoffes kann hingegen je nach Baustoff groß sein. Die folgende Berechnung soll beispielhaft für eine vereinfachte Materialtheorie mit einem linearen Stoffzusammenhang zwischen Feuchtegehalt und Dämmwert den unterschiedlich starken Einfluss des Feuchtegehaltes des Baustoffes auf die Wärmeleitfähigkeit bei verschiedenen Baustoffen darstellen.

Die Wärmeleitfähigkeit wird in beiden Beispielen für Luft mit $\lambda = 0{,}0261 \left[\dfrac{W}{mK}\right]$ und für Wasser mit $\lambda = 0{,}604 \left[\dfrac{W}{mK}\right]$ (bei 20 °C) angenommen. Die Porosität entspricht in etwa jeweils dem maximal aufnehmbaren Wassergehalt in $\left[\dfrac{m^3 \ \ Wasser}{m^3 \ \ Baustoff}\right]$.

Beispiel 1:   Beton C 20/25

Porosität Φ: 0,145   in $\left[\dfrac{m^3 \ \ Luft}{m^3 \ \ Baustoff}\right]$

Wärmeleitfähigkeit Beton trocken λ: 2,1   in $\left[\dfrac{W}{mK}\right]$

Wärmeleitfähigkeit bei 100 Vol % gleich maximaler Feuchtegehalt des Betons:

$2{,}1 + 0{,}145(0{,}604 - 0{,}0261)$ $\approx 2{,}2$ in $\left[\dfrac{W}{mK}\right]$

das entspricht einer Zunahme der Wärmeleitfähigkeit um ca. 4,8 %, was erkennbar verhältnismäßig wenig ist.

Beispiel 2:   Mineralfaserdämmung

Porosität Φ: 0,92   in $\left[\dfrac{m^3 \ \ Luft}{m^3 \ \ Baustoff}\right]$

Wärmeleitfähigkeit trocken λ: 0,04   in $\left[\dfrac{W}{mK}\right]$

Wärmeleitfähigkeit bei 40 Vol % Feuchtegehalt der Dämmung:

$0{,}04 + 0{,}92 \cdot 0{,}4(0{,}604 - 0{,}0261)$ $\approx 0{,}25$ in $\left[\dfrac{W}{mK}\right]$

Die Wärmeleitfähigkeit der zu 40 Vol % durchfeuchteten Dämmung von $\lambda = 0{,}25 \left[\dfrac{W}{mK}\right]$ entspricht einer Zunahme der Wärmeleitfähigkeit um 650 %, was erkennbar sehr viel ist.

Das bedeutet, wenn ein Baustoff mit relativ hoher Wärmeleitfähigkeit und geringer Porosität, also ein Baustoff der nicht als Dämmung zu verwenden ist, durchfeuchtet, verliert er in der Regel nicht viel seines Restdämmwertes. Kommt hingegen ein Baustoff mit niedriger Wärmeleitfähigkeit und hoher Porosität, also ein als Dämmung ausgelegter Baustoff, mit Feuchtigkeit in Berührung, kommt es in der Regel zu einer sehr großen Zunahme der Wärmeleitfähigkeit, so dass der hygienische Feuchteschutz auf Dauer für das betroffene Bauteil nicht mehr gegeben ist und es zwangsläufig zu Schimmelbildung kommt.

Die folgende grafische Darstellung zeigt einen mittleren Temperaturverlauf an der raumseitigen Wandoberfläche über ein Jahr für die äußeren Klimarandbedingungen eines Jahresfeuchte- und Jahrestemperaturverlaufes in Essen (NRW) für einen Wandaufbau mit außenseitiger Dämmung und einen Wandaufbau mit Ziegelvormauerschale.

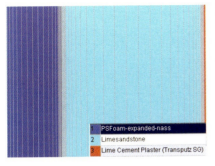

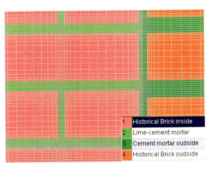

Abbildung 6.9: außenseitige Wärmedämmung **Abbildung 6.10:** Ziegelvormauerschale

Temperaturverlauf über 1 Jahr, beginnend mit dem 1. Juni, an der raumseitigen Wandoberfläche jeweils für trockene Ziegelvormauerschale bzw. Dämmung und nasse Vormauerschale bzw. Dämmung

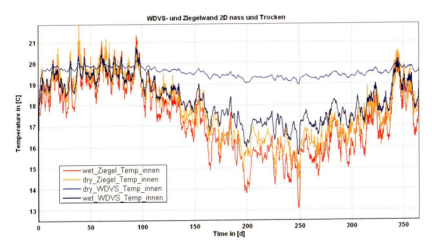

Abbildung 6.11: WDVS- und Ziegelwand 2D nass und trocken

Die Grafik zeigt, dass die Wärmedämmung eines durchfeuchteten Wärmedämmverbundsystems im Verhältnis deutlich stärker abnimmt als die Wärmedämmung des nassen Vormauerziegels im Vergleich zum jeweils trockenen Baustoff.

67

7 Schimmelgalerie

Abbildung 7.1: Feuchte- und Schimmelschäden am Parkett infolge einer Undichtigkeit am Anschluss der Balkonabdichtung

Abbildung 7.2: Schimmelschaden an der Sturzuntersicht des Badezimmerfensters infolge ungeeigneter Lüftung (Kippstellung); der flächige Schimmel auf der Wand hatte sich wegen insgesamt unzureichender Lüftung gebildet

Abbildung 7.3: Duschbereich ohne Andichtung hinter der Fliesenbekleidung ausgeführt, daher wurde die Leichtbauwand durchnässt

Abbildung 7.4: Schimmelfleck auf der Außenwand zeigt sich nach Abnahme des Bildes, das dort gehangen hatte

Abbildung 7.5: Schlecht geheizter Hausflur, daher kühlten die Wandoberflächen ab, im Bereich der Außenwandecke sogar so stark, dass die Tautemperatur unterschritten wurde mit der Folge von Schimmelbildung

Abbildung 7.6: Wärmebrücke im Bereich der Fensterlaibung, Schimmel hat sich hinter der Tapete gebildet

Abbildung 7.7: Unhygienischer Zustand hinter einem abgerückten Küchenschrank

Abbildung 7.8: Wärmebrücke im Bereich der obersten Geschossdecke (Flachdach)

Abbildung 7.9: Ungedämmte Kaltwasserleitung im Badezimmer

Abbildung 7.10: Fliesen auf dem Boden im Badezimmer sind keine Abdichtung. Wasser dringt durch die Fugen und gelangt unter die Fliesen und kann nicht mehr rasch genug abtrocknen. Die Folge ist Schimmelbildung unter den Fliesen.

Abbildung 7.11: Wärmebrücke im Hochparterre im Bereich der Außenwandecke über ungedämmter Kellerdecke

Abbildung 7.12: Schimmelschäden, ausgehend von der Deckenuntersicht in einer innenliegenden Diele nach einem (beseitigten) Wasserschaden in der darüberliegenden Wohnung

Abbildung 7.13: Kein »weißer« Schimmel, sondern mineralische Ausblühungen infolge aufsteigender Feuchte

Abbildung 7.14: Keine Schimmelbildung über dem Heizkörper, sondern »fogging«-Effekt (Ablagerung von Kohlenstoffpartikeln aus thermisch zersetzten Kunststoffdämpfen)

8 Definitionen und Begriffe

Dicke d

ist die Dicke eines Baustoffes oder eines Bauteils (entspricht der allgemein üblichen Bezeichnungsweise in der Literatur).

Einheit: **[m]**

Definition: Si- Basiseinheit.

Dichte (rein) ρ_r

Die Reindichte, auch absolute wahre Dichte oder Matrix-Dichte genannt, ist die Dichte des reinen Feststoffes. Für die Bestimmung des Volumens ohne Porenanteil kann die Probe z. B. so lange zerkleinert werden, bis kein Porenanteil mehr vorliegt.

Einheit: **[kg/m³]**

Definition: Masse der trockenen Probe in Kilogramm [kg], bezogen auf das Volumen des Prüfkörpers in Kubikmetern [m³] ohne Porenanteil.

Dichte (roh) ρ

Die Dichte, auch Rohdichte genannt, ist in soweit temperatur- und druckabhängig, wie das Volumen des betrachteten Baustoffes temperatur- bzw. druckabhängig ist. Beides ist aber in der Regel bei Baustoffen zu vernachlässigen.

Einheit: **[kg/m³]**

Definition: Masse des trockenen Prüfkörpers in Kilogramm [kg], bezogen auf das Volumen des Prüfkörpers in Kubikmeter [m³] einschließlich aller Poren.

Fensterflächenanteil (grundflächenbezogener) f_{AG}

In Tabelle 7, DIN 4108-2 sind die zulässige Werte des Grundflächen bezogenen Fensterflächenanteils, entsprechend nach Himmelsrichtung unterschieden, unterhalb dessen auf einen sommerlichen Wärmeschutznachweis verzichtet werden kann, aufgeführt. Sind beim betrachteten Raum mehrere Orientierungen mit Fenster vorhanden, ist der kleinere Grenzwert für f_{AG} bestimmend.

Einheit: **[–]**

Definition: Der Fensterflächenanteil f_{AG} ergibt sich aus dem Verhältnis der Fensterfläche zu der Grundfläche des betrachteten Raumes oder der Raumgruppe. Sind beim betrachteten Raum bzw. der Raumgruppe mehreren Fassaden oder z. B. Erker vorhanden, ist f_{AG} aus der Summe aller Fensterflächen zur Grundfläche zu berechnen.

Feuchtegehalt der Luft (absolut) g

Der Feuchtegehalt der Luft liegt in Form von Wasserdampf vor und ist nicht temperaturabhängig. Der absolute Feuchtegehalt der Luft verhält sich äquivalent zum Wasserdampfdruck der Luft.

Einheit: **[g/m³]**

Definition: Wasserdampfmenge in Gramm [g] in einem Kubikmeter [m³].

Feuchtegehalt massebezogen u

Gemeint ist die Gewichtsmenge Wasser im Baustoff bezogen auf das Trockengewicht des Probekörpers.

Einheit: **[kg/kg]**

Definition: Masse in Kilogramm [kg] verdampfbares Wasser bezogen auf Masse in Kilogramm [kg] der getrockneten Probe.

Feuchtegehalt volumenbezogen Ψ

Gemeint ist die Volumenmenge Wasser im Baustoff bezogen auf das Gesamtvolumen des Probekörpers inklusive Porenanteil.

Einheit: **[m³/m³]**

Definition: Volumen in Kubikmeter [m³] verdampfbares Wasser bezogen auf das Volumen der getrockneten Probe in Kubikmeter [m³].

Feuchtegehalt als volumenbezogene Masse w

Gemeint ist der Gewichtsanteil Wasser im Baustoff bezogen auf das Gesamtvolumen des Probekörpers inklusive Porenanteil.

Einheit: **[kg/m³]**

Definition: Masse verdampfbares Wasser in Kilogramm [kg] bezogen auf das Volumen der getrockneten Probe in Kubikmeter [m³].

Fläche F

ist die Fläche eines Bauteils. Häufig wird sie in der Fachliteratur aber auch mit A bezeichnet.

Einheit: **[m²]**

Definition: SI-Basiseinheit.

Fugendurchlasskoeffizient α

ist bei Fenstern beispielsweise ein Maß für die Luftdurchlässigkeit Zwischen Flügel und Blendrahmen. Der Bezugsdruckunterschied, der bei Fenstern mit 10 Pa angegeben ist, kann sich je nach Bezugsgröße unterscheiden und sollte daher immer mit angegeben werden.

Einheit: [–]

Definition: über die Fugen je Zeit, Meter Fugenlänge und Luftdruckdifferenz von beispielsweise 10 Pascal [Pa] ausgetauschte Luftmenge.

Gesamtenergiedurchlassgrad der Verglasung g

ist die Summe des direkten Strahlungstransmissionsgrades τ_e und des sekundären Wärmeabgabegrades q_i der Verglasung nach innen. Letzterer ist bedingt durch den Wärmetransport infolge Konvektion und langwelliger IR-Strahlung des Anteils der auftreffenden Strahlung, der von der Verglasung absorbiert wird.

Einheit: [–]

Definition: Der Gesamtenergiedurchlassgrad ist in der Regel eine Herstellerangabe oder kann hier erfragt werden. Die direkte Bestimmung ist verhältnismäßig, abhängig vom direkten Strahlungsreflexionsgrad und dem direkten Strahlungsabsorptionsgrad, deren Summe immer 1 ergibt. Eine genaue Bestimmung kann in DIN EN 410 nachvollzogen werden.

Luftwechselrate n_L

Auf ausreichenden Luftwechsel ist aus Gründen der Hygiene, der Begrenzung der Raumluftfeuchte sowie gegebenenfalls der Zuführung von Verbrennungsluft nach bauaufsichtlichen Vorschriften zu achten. Während der Heizperiode ist ein auf das Luftvolumen innerhalb der Systemgrenze bezogener durchschnittlicher Luftwechsel von $0{,}5\,h^{-1}$ bei der Planung sicherzustellen. Grundluftwechselraten sind in DIN 4108-6 aufgeführt.

Einheit: [1/h]

Definition: Menge Innenluft in Kubikmeter [m³], die gegen Außenluft in Kubikmeter [m³] im Zeitraum von einer Stunde [h] ausgetauscht wird.

Porosität Φ (phi)

Die Porosität stellt das Verhältnis von Hohlraumvolumen (Porenvolumen) zu Gesamtvolumen einer Probe dar. Sie dient als klassifizierendes Maß der tatsächlich vorliegenden Hohlräume (Poren).

Einheit: [m³/m³] oder [%]

Definition: 1 minus Rohdichte durch Reindichte; für die Angabe in Prozent [%] muss die Gleichung noch mit 100 multipliziert werden.

Relative Luftfeuchtigkeit (rel. F.)

Die relative Luftfeuchtigkeit ist ein Maß für die temperaturabhängige Wasserdampf-partialmenge bzw. den temperaturabhängigen Wasserdampfpartialdruck, der in der Luft zum Betrachtungszeitraum herrscht.

Einheit: [%]

Definition: tatsächlicher Wasserdampfdruck bezogen auf den maximal möglichen aufnehmbaren, temperaturabhängigen Wasserdampfdruck, gleichbedeutend mit der tatsächlichen Wasserdampfmenge bezogen auf die maximal mögliche aufnehmbare, temperaturabhängige Wasserdampfmenge der Luft.

Sonneneintragswert S

Ist ein Maß für die sommerliche Erwärmung des zu untersuchenden Raumes oder der Raumbereiche. Er muss kleiner sein als ein zul. Höchstwert S_{zul}, der sich aus Einflüssen mit Zuschlagwerten gemäß Tabelle 9, DIN 4108-2 ergibt.

Einheit: [–]

Definition: Fensterfläche in Quadratmetern [m^2] mal Gesamtenergiedurchlassgrad der Fenster g, mal Abminderungsfaktor für den eingesetzten Sonnenschutz F_C (F_C=1, ohne Sonnenschutz) bezogen auf die Nettogrundfläche des Raumes oder des betrachteten Raumbereichs in Quadratmetern [m^2].

Temperatur T

wird in Kelvin [K] oder in Grad Celsius [°C] angegeben. Es gilt folgender Zusammenhang:

-273,15 °C ≡ 0,00 K   tiefste Temperatur, also keine Bewegung der Atome oder Moleküle, absoluter Nullpunkt.

0 °C ≡ 273,15 K   Gefrierpunkt von Wasser

20 °C ≡ 293,15 K   Raumtemperatur

Temperaturunterschiede werden in der Regel in Kelvin angegeben.

Einheiten: [**°C**] oder [**K**]

Definition: SI-Basiseinheiten.

Temperaturfaktor f_{Rsi}

ist eine Größe für den Tauwasserschutz, die ausschließlich über Temperaturdifferenzen ausgedrückt wird. Gemäß DIN 4108-2 gilt der Tauwasserschutz von Außenwänden als erfüllt, wenn gilt $f_{Rsi} \leq 0,70$.

Einheit: [–]

Definition: Differenz der raumseitigen Oberflächentemperatur einer Außenwand zur Außenluft bezogen auf die Differenz der Raumlufttemperatur zur Außenlufttemperatur.

Wasseraufnahme (kapillar)

Für die kapillare Wasseraufnahme muss ein Kontakt der Baustoffoberfläche zu flüssigem Wasser bestehen. Der Transportmechanismus ist abhängig von Porengröße, Porenform und weiteren Eigenschaften des Baustoffes und der transportierten Flüssigkeit. Verantwortliche für den Transportvorgang sind Oberflächen- und Saugspannungen. Entsprechend ihrer kapillaren Transportfähigkeit, auch Wasserdampfaufnahmekoeffizient w genannt, werden Baustoffe in folgende Kategorien eingeteilt:

- wassersaugende Oberflächenschicht $\qquad w \geq 2{,}0 \left[\dfrac{kg}{m^2 \sqrt{h}} \right]$

- wasserhemmende Oberflächenschicht $\qquad 0{,}5 \left[\dfrac{kg}{m^2 \sqrt{h}} \right] < w < 2 \left[\dfrac{kg}{m^2 \sqrt{h}} \right]$

- wasserabweisende Oberflächenschicht $\qquad w \leq 0{,}5 \left[\dfrac{kg}{m^2 \sqrt{h}} \right]$

Einheit: $\left[\dfrac{\mathbf{kg}}{\mathbf{m^2 \sqrt{h}}} \right]$

Definition: Menge Feuchtigkeit in Kilogramm [kg] die ein Baustoff je Quadratmeter Oberfläche [m²] pro Zeiteinheit $\left[\sqrt{h} \right]$ aufnimmt.

Wasserdampfdiffusion

ist die Bewegung von Wassermolekülen in einem Gasgemisch, im Allgemeinen in der Raum- oder Außenluft. Die Molekülbewegung wird bei ruhender Luft hauptsächlich durch das Bestreben zum Ausgleich unterschiedlicher Teildrücke bei gleich bleibendem Gesamtdruck verursacht.

Einheit: [–]

Materialien werden nach ihrem Vermögen der Wasserdampfdiffusion einen Widerstand entgegenzubringen, vergleichbar zu einer Luftschichtdicke gleichen Wasserdampfdiffusionswiderstandes in folgende Kategorien unterteilt:
- diffusionsoffen $\qquad s_d\text{-Wert} \quad \leq 0{,}5\,m$
- dampfdiffusionshemmend $\qquad s_d\text{-Wert} \quad 0{,}5\,m \;\; < s_d < 1500\,m$
- dampfdiffusionsdicht $\qquad s_d\text{-Wert} \quad \geq 1500\,m$

Definition: –

Wasserdampfdiffusionswiderstandfaktor (mü) μ

wird auch mü-Wert oder Dampfdiffusionswiderstandszahl genannt. Er gibt an, um welchen Faktor der Wasserdampf-Diffusionswiderstand des betrachteten Materials größer als der einer gleichdicken, ruhenden Luftschicht gleicher Temperatur ist. Er ist eine Stoffeigenschaft. Baustoffe mit kleinem μ-Wert sind sehr dampfdurchlässig, Baustoffe mit großem μ-Wert sind dampfundurchlässig.

Einheit: [–]

Definition: Quotient aus Wasserdampf-Diffusionsleitkoeffizient der Luft und Wasserdampfdiffusionsleitkoeffizient des Baustoffes.

Wasserdampfpartialdruck p

Der Wasserdampfdruck der Luft ist solange der Wasserdampfteildruck, bis die maximal aufnehmbare, temperaturabhängige Wasserdampfmenge der Luft erreicht ist. Ab hier liegt in der Luft der Wasserdampfsättigungsdruck vor.

Einheit: [N/m²] = [Pa]

Definition: Wasserdampfsättigungsdruck p_s in Pascal [Pa] multipliziert mit dem Absolutwert der relativen Luftfeuchtigkeit (rel. F. in [%]/100).

Wasserdampfdiffusionsäquivalente Luftschichtdicke S_d

Wasserdampfdiffusionswiderstandsfaktor multipliziert mit der Baustoffdicke:
$S_d = \mu \times d$

Einheit: [m]

Die Luftdurchlässigkeit eines Baustoffes beschrieben als Dicke einer Luftschicht gleicher Dampfdurchlässigkeit.

Wasserdampfsättigungsdruck p_s

Der Wasserdampfsättigungsdruck ist der temperaturabhängige maximale Wasserdampfdruck, den die Luft aufnehmen kann. Darüber hinaus in die Luft eingetragener Wasserdampf fällt als Kondensat in der Luft (Nebel) oder an Bauteilen (Wasser) aus. Je wärmer die Luft ist, desto größer ist der maximal mögliche Wasserdampfdruck und der damit verbundene absolute Wassergehalt in der Luft.

Einheit: [N/m²] = [Pa]

Definition: Kraft in Newton [N] pro Quadratmeter [m²] Baustofffläche.

Wasserdampfkonvektion

Die Übertragung von Wasserdampf durch Konvektion wird durch die Bewegung des gesamten Gasgemisches, im Allgemeinen der Raum- oder Außenluft, hervorgerufen. Die Ursache für die Luftbewegung (Wind) liegt z. B. in einem Gesamtdruckgefälle, wie es zwischen der dem Wind zugewandten Seite und der dem Wind abgewandten bei Gebäuden entsteht. Hier findet Konvektion an durchströmbaren Fugen oder Undichtigkeiten von Außenbauteilen zwischen dem Innenraum und der Außenluft statt, oder an bewegten Luftschichten (erzwungene Konvektion zum Zweck der Entfeuchtung) bzw. infolge von Temperatur- und dadurch bedingten Luftdichteunterschieden (freie Konvektion).

Wärmedurchgangswiderstand R

Der Wärmedurchgangswiderstand ist die Summe der Wärmedurchlasswiderstände R_i der einzelnen Bauteilschichten inklusiver der Wärmeübergangswiderstände $1/\alpha_{si}$ und $1/\alpha_{se}$ an der inneren bzw. äußeren Bauteiloberfläche. Der Kehrwert des Wärmedurchgangswiderstandes ist die Wärmedurchgangszahl U.

Einheit: **[m² K/W]**

Definition: Ein Quadratmeter [m²] Baustoffoberfläche bietet bei einem Temperaturunterschied in Kelvin [K] einen Widerstand für einen Wärmeenergieverlust in Watt [W]

Wärmedurchgangszahl U

Der so genannte U-Wert wird auch Wärmedurchgangkoeffizient genannt. Er ist der Kehrwert des Wärmedurchgangswiderstandes $1/U = R$. Er wird als Grenzwert bei wärmeschutztechnischen Beschreibungen von Bauteilen oder Bauteilgruppen (z. B. Gebäudehüllfläche) angegeben.

Einheit: **[W/m²K]**

Definition: Die Wärmemenge in Watt [W], die in einer Stunde bei 1 Kelvin [K] Temperaturdifferenz durch 1 Quadratmeter [m²] Bauteilfläche fließt.

Wärmeleitfähigkeit (lambda) λ

Die Wärmeleitfähigkeit (Bemessungswert), auch Wärmeleitzahl genannt, ist die Fähigkeit eines Baustoffes thermische Energie mittels Wärmeleitung zu transportieren.

Einheit: **[W/mK]**

Definition: Größe des Wärmestroms in Watt [W] durch einen Meter [m] Luft bei einem Kelvin [K] Temperaturunterschied.

Wärmeleitgruppe WLG

Die Wärmeleitgruppe leitet sich aus den ersten drei Ziffern der Wärmeleitfähigkeit eines Baustoffes oder dem Wärmedurchlasswiderstand R_i eines Bauteils ab.

Einheit: WLG 040 $\triangleq$ 0.040 **[W/mK]**

Definition: siehe Wärmeleitfähigkeit λ.

Wärmemenge Q

Ist die thermische Energie, die in einem Körper aus einem bestimmten Stoff mit einer bestimmten Temperatur enthalten ist.

Einheit: **[kJ]** $\triangleq$ **[Wh]**
Es gilt die Umrechnung: 1 Wh = 3,6 kJ

Definition: man benötigt 1 kilo Joule [kJ], um 238,8 Gramm [g] Wasser um 1 Kelvin [K] zu erwärmen.

Wärmespeicherkapazität c

ist eine Stoffkonstante und gibt an, wieviel Wärmeenergie 1 kg eines bestimmten Baustoffs aufnehmen muss, damit seine Temperatur um 1 K ansteigt.

Einheit: **[Wh/kgK]**

Definition: Man benötigt 1 Watt [W] (Energie), 1 Stunde [h] lang um 1 Kilogramm [kg] eines Baustoffs um 1 Kelvin [K] zu erwärmen.

Wärmestrom I

gibt an, welche Wärmemenge in einer Stunde in einen Körper hinein fließt.

Einheit: **[Wh]**

Beispiel: Wenn eine Stunde [h] ein Wärmestrom von einem Watt [W] fließt, wird eine Wärmemenge von einer Wattstunde [Wh] transportiert:
1,0 W x 1,0 h = 1 Wh
2,0 W x 0,5 h = 1 Wh
0,5 W x 2,0 h = 1 Wh

Wärmestromdichte q

Gibt an, welcher Wärmestrom durch eine 1 m^2 große Fläche fließt.

Einheit: **[W/m²]**

Beispiel: Wenn eine Stunde lang durch eine 1 Quadratmeter [m^2] große Wandfläche eine Wärmestromdichte von einem Watt pro Quadratmeter [W/m^2] fließt, wird eine Wärmemenge von einer Wattstunde transportiert:
1,00 W/m^2 x 1 m^2 = 1 W
1,00 W/m^2 x 1 m^2 x 1 h = 1 Wh
0,25 W/m^2 x 2 m^2 x 2 h = 1 Wh

Wärmeübergangswiderstand (innen bzw. außen)

$R_{si} = 1/\alpha_i$; $R_{se} = 1/\alpha_{se}$ (1/alpha)

berücksichtigt den Wärmewiderstand der dünnen mehr oder weniger ruhenden Luft-schicht unmittelbar vor der Bauteiloberfläche. Er hängt von der horizontalen bzw. vertikalen Ausrichtung der Bauteiloberfläche, den Windverhältnissen (Außenluft oder Raumluft) und der Richtung des Wärmestroms ab.

Einheit: **[m²K/W]**

Definition: In Anlehnung an DIN 4108-2 und -3, DIN EN ISO 6946 und DIN EN ISO 6946 Anhang A dürfen folgende Werte in Ansatz gebracht werden:

Bauteil	$1/\alpha_{si}$ (innen = interior) [m²K/W]	$1/\alpha_{se}$ (außen = exterior) [m²K/W]
Außenwand und Dach	0,13	0,04
Außenwand/-dach hinterlüftet	0,13	0,08
Wand gegen Erdreich	0,12	0,00
Bodenplatte auf Erdreich	0,17	0,00
Decke über Außenluft	0,17	0,04

Tabelle 15: Wärmeübergangswiderstände nach Norm

Index	englisch	Deutsch
d		Dicke
w	window	Fenster
e	exterior	Außen
i	interior	Innen
se	surface exterior	Oberfläche außen
si	surface interior	Oberfläche innen
s	saturation	Sättigung
WB		Wärmebrücke
N		Nutzfläche
$\perp$		Senkrecht
T	transmission	Transmission
0		Trocken
w		Wasser

Tabelle 16: Index-Verzeichnis

9 Normen und Richtlinien

10 Stichwortverzeichnis